Uchechukwu Paschal Chukwudi
Christian U. Agbo

Avaliação de acessos de Telfairia Occidentalis no Estado de Enugu, Nigéria

Uchechukwu Paschal Chukwudi
Christian U. Agbo

Avaliação de acessos de Telfairia Occidentalis no Estado de Enugu, Nigéria

ScienciaScripts

Imprint
Any brand names and product names mentioned in this book are subject to trademark, brand or patent protection and are trademarks or registered trademarks of their respective holders. The use of brand names, product names, common names, trade names, product descriptions etc. even without a particular marking in this work is in no way to be construed to mean that such names may be regarded as unrestricted in respect of trademark and brand protection legislation and could thus be used by anyone.

Cover image: www.ingimage.com

This book is a translation from the original published under ISBN 978-3-659-76573-5.

Publisher:
Sciencia Scripts
is a trademark of
Dodo Books Indian Ocean Ltd. and OmniScriptum S.R.L publishing group

120 High Road, East Finchley, London, N2 9ED, United Kingdom
Str. Armeneasca 28/1, office 1, Chisinau MD-2012, Republic of Moldova, Europe
Printed at: see last page
ISBN: 978-620-8-03874-8

ÍNDICE DE CONTEÚDOS:

CAPÍTULO 1

INTRODUÇÃO

Telfairia occidentalis Hook F., vulgarmente conhecida como abóbora canelada, ugu, iroko, ubong, umee e umeke (Akoroda, 1990a), é um membro da família das cucurbitáceas. É constituída por 90 géneros e mais de 700 espécies de importância económica (Irvine, 1969). Vários autores têm implicado a África tropical como o centro de origem da abóbora canelada (Synge, 1974; Oyolu, 1978; Esiaba, 1982a; Uguru e Onovo, 2011). A abóbora canelada é uma planta perene facultativa (Akoroda, 1990a), mas é cultivada como uma cultura anual no sistema agrícola tradicional da África Ocidental (Ogbonna, 2008). O caule é de 5 anéis com folhas compostas que são geralmente 3-5 folioladas e raramente 7 folioladas. Ao longo do comprimento do caule encontram-se pecíolos, que suportam folhas que são inicialmente opostas, mas que se tornam completamente alternadas numa fase posterior do desenvolvimento (Okoli e Mgbeogu, 1983).

A abóbora canelada é uma planta dióica com o sexo da planta claramente distinguível na floração. As flores estaminadas nascem em inflorescências racemosas enquanto as flores pistiladas são solitárias (Okoli e Mgbeogu, 1983). Uguru e Onovo (2011) mostraram evidências de números cromossómicos tetraploides (4n=44), triploides (3n=33), aneuploides (2n=22+1) e diploides (2n=22), com os diploides a dominarem (84 %) nas células de abóbora caneladas investigadas.

A abóbora canelada é um dos legumes de folha mais cultivados na Nigéria. A videira tenra e as folhas são utilizadas na preparação de vários pratos, enquanto a semente pode ser cozida e consumida ou moída em pó para engrossar a sopa. As folhas são fontes ricas de proteínas, óleo, vitaminas e minerais (Aregheore, 2007). Relativamente aos legumes mais comuns, o seu conteúdo proteico é elevado (Okoli e Mgbeogu, 1983; Ladeji et al., 1995). O teor de proteínas e de óleo da semente é de 30,1 % e 47 %, respetivamente (Asiegbu, 1987). O óleo da semente pode ser utilizado para a preparação de margarina e pomada, bem como para transportar medicamentos (Asiegbu, 1987).

A abóbora canelada é amplamente cultivada no sul da Nigéria, especialmente pelos Igbos (Okoli e Mgbeogu, 1983; Aremu e Adewale, 2012). O seu cultivo espalhou-se para outras áreas da Nigéria onde os Igbos e os seus vizinhos se estabeleceram (Akoroda, 1990; Schippers, 2002). Odiaka et al. (2008) referiram que os agricultores de Makurdi obtêm sementes de qualidade do sudeste da Nigéria com caraterísticas distintivas como o tamanho da semente, a espessura da crista do fruto, o tamanho do fruto, a área foliar e a espessura da videira.

A crescente popularidade da cultura para além dos estados do sudeste da Nigéria aumentou a procura dos seus produtos, e os produtores precisam de sementes de alto rendimento para satisfazer esta procura. A fraca capacidade de armazenamento da cultura é um obstáculo ao seu melhoramento, pelo que as variedades autóctones são mantidas in-situ pelos agricultores em diferentes locais.

Ogar e Asiegbu (2005) mostraram que as práticas hortícolas, como a taxa de fertilizante e a frequência de corte, tiveram um efeito significativo na produção de folhas e frutos colhíveis da abóbora canelada. Odiaka e Akoroda (2009) mostraram que a fase de colheita dos frutos e o período de armazenamento tiveram efeitos significativos na viabilidade das sementes de T. occidentalis. A viabilidade foi óptima com sementes extraídas de frutos colhidos 6 semanas após a antese e armazenados durante 60 dias. Ogbonna (2008) relatou que a porção e o tipo de fruto não tiveram efeito sobre a emergência de T. occidentalis. Ugesse et al. (2008) observaram que as sementes de manteiga de karité (Vitellaria paradoxa Gaertn F.) provenientes de diferentes locais na Nigéria diferiam significativamente em resposta ao intervalo de rega, o que está de acordo com as conclusões de Agbo (2010), que mostrou a existência de uma base genética diversificada dos clones de utazi (Gongronema latifolia Benth.) obtidos em algumas localidades do sudeste da Nigéria. Aremu e Adewale (2012) relataram que a origem do fruto e a posição da semente foram responsáveis por uma variação significativa na razão sexual de T. occidentalis proveniente de diferentes estados da Nigéria. Há escassez de informações sobre a influência das caraterísticas de acesso, da fonte de sementes, da treliça e das práticas de corte na emergência de plântulas, na produção de folhas e frutos em Telfairia.

Os objectivos desta investigação são os seguintes

1. determinar o efeito do tamanho/fonte do fruto na produção de folhas e frutos colhíveis de T. occidentalis;
2. determinar o efeito da altura da latada na produção de folhas e frutos colhíveis de T. occidentalis; e
3. caraterizar os diferentes acessos com base nos traços observáveis.

CAPÍTULO 2

REVISÃO DA LITERATURA

BOTÂNICA

O género Telfairia, que recebeu o nome do famoso naturalista, botânico e colecionador de plantas irlandês Charles Telfair, é um membro nutricionalmente importante mas menos conhecido da família Cucurbitaceae e da ordem Telfairieae (Ajayi et al., 2007). As duas principais espécies do género são T. occidentalis Hook F. e T. pedata (Smith ex Sim) Hook. De acordo com Schippers (2000), T. batesii é um terceiro membro do género que foi anteriormente encontrado como planta selvagem nos Camarões e na Guiné Equatorial, mas está quase extinto atualmente.

Figura 1: Fluxo de machos e fêmeas de *T. occklentaiis*

A T. occidentalis é uma trepadeira vigorosa, que atinge até 10 m de comprimento. As trepadeiras têm gavinhas que se ramificam com pontas enroladas que são usadas para agarrar qualquer estaca com que entrem em contacto. As folhas são 3-5 folíolos dispostos de forma palmada, com pecíolos

comprimento de 2-3 cm (Tindall, 1983). As inflorescências masculinas projectam-se visivelmente do caule no pedúnculo, que tem cerca de 5-25 cm de comprimento, enquanto as flores femininas são produzidas nas axilas das folhas. Akoroda e Adejoro (1990) relataram que as plantas masculinas começaram a florescer mais cedo, cerca de 129 dias em comparação com 150 dias nas plantas femininas e durante um período mais longo (59 dias nas plantas masculinas e 17 dias nas plantas femininas). Tanto nas flores masculinas como nas femininas, as pétalas são em número de 5, polipétalas e actinomorfas. Os lóbulos da corola, em ambas as flores, são de cor branca cremosa, mas com centros púrpura-avermelhados atraentes e nitidamente contrastantes. Na estaminada, os lóbulos da corola têm cerca de 2 cm de comprimento, enquanto na pistilada têm cerca de 4 cm. As sépalas também são em número de 5. Na flor estaminada, o cálice é tubular e na base está dividido em 3 câmaras que estão frequentemente cheias de néctar, enquanto que na flor pistilada, o tubo do cálice funde-

4

se com o ovário (Okoli e Mgbeogu, 1983).

Okoli e Mgbeogu (1983) observaram que certas estípulas nodais eram centros de secreção de néctar extra-floral. As plantas masculinas produzem folhas relativamente mais pequenas do que as plantas femininas (Akoroda, 1990). Os frutos são geralmente muito grandes, até 105 cm de comprimento e 25 cm de diâmetro e pesam cerca de 3-6 kg (Tindall, 1983; Okoli e Mgbeogu, 1983). O epicarpo é caracterizado por depósitos verdes pálidos ou pulverulentos, visivelmente marcados por 10 cristas longitudinais e estrias fortemente nervuradas. A polpa é amarela clara e fibrosa. As plantas podem dar até seis frutos, mas geralmente um fruto grande e um ou dois frutos médios acabam por atingir a maturidade. Muitas flores femininas não atingem a maturidade completa (Tindall, 1983). No mesocarpo fibroso encontra-se um grande número de sementes. Foram registadas cerca de 30-196 sementes por fruto (Pospisil, 1965, 1967; Longe et al., 1983; Okoli e Mgbeogu, 1983; Akoroda, 1990). As sementes são planas, com até 5 cm de comprimento, cerca de 3,5 cm de diâmetro e ligadas por uma ligeira projeção à placenta. A cultura é parcialmente tolerante à seca e à sombra. É cultivada em altitudes até 1000 m e está adaptada a uma vasta gama de solos, com um espaço de plantação de 75-90 cm em cada direção (Tindall, 1983).

VALORES ALIMENTARES E UTILIZAÇÕES MEDICINAIS

Oyolu (1978) observou que os legumes continuarão a ser a principal fonte de proteínas, minerais e vitaminas nos países africanos. Observou que as folhas e os rebentos comestíveis da abóbora canelada contêm 85 % de humidade, 11 % de proteínas brutas, 25 % de hidratos de carbono, 3 % de óleos, 11 % de cinzas e até 700 ppm de ferro. A FAO (1988) comunicou que o valor nutricional das folhas de abóbora canelada é de 86 ml de água, 47 calorias, 2,9 g de proteínas, 1,8 g de gordura, 7 g de hidratos de carbono e 1,7 g de fibras. O conteúdo das sementes foi caracterizado por Asiegbu (1987).

Pode inferir-se que a capacidade da planta para combater certas doenças pode dever-se às suas propriedades antioxidantes e antimicrobianas e ao seu conteúdo de minerais (especialmente ferro), vitaminas (especialmente vitaminas A e C) e elevado teor de proteínas (Kayode e Kayode, 2011). As folhas contêm óleos essenciais e vitaminas; as raízes contêm cucubitacina, sesquiterpeno e lactonas (Iwu, 1983). As folhas jovens cortadas e misturadas com água de coco e sal são armazenadas numa garrafa e utilizadas para o tratamento de convulsões na etnomedicina (Gbile, 1986). O extrato da folha é útil na gestão da colesteroemia, problemas de fígado e sistemas imunitários de defesa debilitados (Eseyin et al., 2005a, b). As raízes são utilizadas como rodenticida e veneno de provação (Gill, 1992).

Os teores de aminoácidos essenciais da semente foram comparados favoravelmente com os de leguminosas importantes (Asiegbu, 1987). Foi demonstrado que a abóbora canelada protege e melhora os danos oxidativos no cérebro e no fígado induzidos por desnutrição em ratos (Kayode et al., 2009, 2010). Akang et al. (2010) revelaram que, numa dose baixa de 400 mg/kg de peso corporal, o óleo de semente de abóbora canelada melhorou a contagem de espermatozóides e a histologia testicular em ratos. Salman et al. (2008) relataram uma redução do nível de glucose no sangue em ratos machos alimentados com T. occidentalis.

DISTRIBUIÇÃO E REQUISITOS

As provas reunidas a partir da geografia da cultura, da disseminação e intensidade da utilização, da história oral e do folclore sugerem que a cultura é, sem dúvida, originária de um trecho entre Owerri-Umuahia-Ikwuano, no Estado de Imo (Akoroda, 1990a). A Telfairia é uma cultura tropical e os primeiros exploradores não a poderiam ter trazido de Portugal. Vários autores implicaram a África tropical como o centro de origem da abóbora canelada (Uguru e Onovo, 2011). A referência mais antiga a Telfairia (Oliver, 1871, citado em Akoroda, 1990a) regista a sua presença nas zonas da Alta Guiné da Serra Leoa, Fernando Pó e Abeokuta (Nigéria), zonas com ligações históricas aos Igbos (Akoroda, 1990a). A cultura é extensivamente cultivada no sul da Nigéria, especialmente pelos Igbos (Okoli e Mgbeogu, 1983) e, com a sua disseminação para outras partes da Nigéria, o mesmo aconteceu com a disseminação de T. occidentalis (Akoroda, 1990a).

A abóbora canelada pode ser cultivada numa vasta gama de condições de solo. Cresce bem como uma planta perene facultativa em solos bem drenados, ligeiramente sombreados e cobertos com cobertura vegetal, mas não em solos encharcados e em locais iluminados pelo sol (Akoroda, 1990a). A abóbora canelada prefere um solo solto e friável com bastante húmus e uma posição à sombra (Olaniyi e Akanbi, 2007). A plantação pode ser efectuada em terreno plano (Oluchukwu e Ossom, 1988), em cumeada (Awodun, 2007), e em cumeada plana e baixa (Odiaka et al., 2008). Vários investigadores fizeram recomendações sobre as necessidades nutricionais de T. occidentalis (Tindall.1983; Obiagwu e Odiaka, 1995; Ossom et al., 1997, 1998; Akoroda, 1990b; Ogar e Asiegbu, 2005; Olaniyi e Akanbi, 2007 e Aderi et al., 2011). A cultura é cultivada perto de árvores, muros, vedações e estruturas nas quais se permite que os rebentos subam (Okoli e Mgbeogu, 1983). Pode ser deixada a rastejar no chão ou ser estacada (Akoroda, 1990a; NIHORT, 1986). Oyenuga (1968) recomendou a estacaria da abóbora canelada porque as cabras selecionam as folhas, enquanto Akoroda et al. (1990) apoiaram a estacaria porque facilita a colheita das folhas e dos frutos. Hilli et al. (2009) registaram uma diferença significativa no crescimento, frutificação e produção de sementes de cabaça de crista estacada (Luffa acutangula L. Roxb), outro membro da família Cucurbitaceae. Egun (2007) argumentou que a estacaria da abóbora canelada aumentava o custo de produção. Odiaka et al. (2008) relataram um rendimento elevado de T. occidentalis em Makurdi, sem estacas, sem cobertura morta, sem insecticidas e sem aplicação de fertilizantes. As folhas comestíveis são normalmente colhidas em intervalos de 2-3 semanas (Asiegbu, 1983; Ossom, 1986; e Odiaka et al., 2008).

GERMINAÇÃO E ARMAZENAMENTO

A Telfairia é propagada principalmente por semente (Okoli e Mgbeugu, 1983). Uma percentagem razoável a boa de plantas velhas regenera a partir de porta-enxertos deixados no solo após a senescência total ou parcial dos rebentos no final da época anterior (Akoroda et al., 2006). Foram registadas diferentes taxas de sobrevivência (Asiegbu, 1985; Ossom 1986). Nalguns casos, foram efectuados estudos para investigar a propagação usando estacas de caule ou raiz dividida (Esiaba, 1982a; Obiefuna, 1995). Ojeifo e Ajekenrenbiaghan (2006) referiram que as plântulas regeneradas a partir de sementes cortadas ao meio, esquartejadas e de um oito tinham o potencial de produzir mais do que as sementes inteiras em valores de 86 %, 172 % e 432 %, respetivamente.

Figura 2: Germinação de sementes durante o armazenamento

Dentro e fora dos frutos, as sementes são incapazes de tolerar a perda de água e a capacidade de germinação diminui quando a humidade das sementes é reduzida. Ajayi et al. (2006) relataram que as sementes de abóbora caneladas são recalcitrantes; são sensíveis à dessecação e ao frio e

que mesmo o armazenamento a curto prazo no estado hidratado parece ser inatingível na prática. Não existe nenhum método documentado de conservação de sementes e frutos para manter a viabilidade e o vigor das sementes durante o período de entressafra, quando as sementes devem ser armazenadas para produção e consumo prolongado. As sementes atingem a qualidade fisiológica máxima em termos de vigor germinativo e acumulação de reservas de armazenamento nove semanas após a frutificação e, depois disso, a viviparidade (Adetunji, 1997). A natureza vivípara das sementes impede o seu armazenamento prolongado no interior do fruto, pelo que as sementes são rapidamente eliminadas para consumo (ver Fig. 2). Onovo et al. (2009) relataram três morfotipos de poliembrionia em T. oocidentalis, nomeadamente: gémeo (bi-embrionia), triplo (tri-embrionia) e quádruplo (tetra-embrionia). Odiyi (2003) sugeriu que a ocorrência de poliembrionia em abóbora canelada é natural.

TAMANHO DA SEMENTE E EFEITO DA FONTE

Ugesse et al. (2008) mostraram que a origem da semente da manteiga de karité (Vitellaria paradoxa Gaertn F.) teve um efeito significativo na maioria das caraterísticas consideradas. Stelling et al. (1994) registaram um efeito diferente da origem das sementes para o feijão faba (Vida faba L.) e a ervilha seca (Pisum sativum L.) em condições de campo. Tapscott e Cowling (1995) mostraram que a origem das sementes afectava significativamente o rendimento de grãos de lotes de sementes de Lupinus angustifolius de diferentes origens na Austrália Ocidental. Foram obtidas elevadas percentagens de germinação, estabelecimento e rendimento foliar a partir de sementes provenientes do sudeste da Nigéria por agricultores de Makurdi Telfairia, onde o fornecimento de sementes de qualidade constituía o principal obstáculo à produção (Odiaka et al., 2008).

Tanto os factores genéticos como os ambientais afectam o tamanho das sementes (Primackand e Autonomics, 1981). Odiaka et al. (2008) identificaram o tamanho do fruto, da semente, da folha e a espessura da videira como indicadores de caraterísticas de sementes de qualidade para abóbora canelada. Os frutos grandes têm maior probabilidade de conter sementes mais maduras do que os frutos pequenos (Ogbonna, 2008). O tamanho da semente, como caraterística da qualidade da semente, influencia o crescimento e o estabelecimento das plântulas (Nik et al., 2011). Eles sugeriram que sementes maiores produzem plântulas com maior crescimento inicial e maior capacidade competitiva contra ervas daninhas e pragas. Amico et al. (1994) concluíram que o maior vigor que ocorre em sementes maiores é devido às grandes reservas de alimentos nessas sementes. Estudos realizados com trigo mostraram que o tamanho da semente não só influencia a emergência e o estabelecimento, mas também afecta os componentes do rendimento e, em última análise, o rendimento do grão (Baalbaki e Copeland, 1997; Singh, 2003). Willenberg et al. (2005) afirmaram que a germinação aumentava com o aumento do tamanho das sementes de aveia (Avena saliver L.). A germinação superior de sementes grandes é atribuída a uma maior quantidade de reservas de endosperma que estão disponíveis durante o processo de germinação (Schmidt 2000).

Existe uma associação entre os parâmetros físicos das sementes e a sua qualidade (Nerson, 2002). Na ervilha *(Pisum sativum* L.), PekOen et al. (2004) mostraram que as cultivares com baixo peso de 100 sementes tinham uma percentagem de germinação mais elevada do que as cultivares com peso de 100 sementes mais elevado. Também foi demonstrado que sementes de tamanho pequeno tinham uma taxa de germinação mais rápida (Roy *et al.*, 1996; Ghorbani *et al.*, 2008), o que produzia plântulas inferiores às de tamanho grande (Sadeghi *et al.*, 2011). Alejandro *et al.* (2011) não relataram nenhuma diferença no desempenho da germinação de sementes grandes e pequenas de teca (*Tectona grandis*). Ogbonna (2008) relatou que a porção e o tipo de fruto não tiveram influência na emergência de *T. occidentalis*. Aremu e Adewale (2012) foram da opinião de que a origem do fruto e a posição da semente foram responsáveis por variações no desempenho de *T. occidentalis*.

CAPÍTULO 3

MATERIAIS E MÉTODOS

Local experimental:

As experiências de campo foram realizadas na quinta de ensino e investigação do Departamento de Ciências das Culturas, Faculdade de Agricultura, Universidade da Nigéria, Nsukka (07^0 29 N, 06^0 51 E, e 400 m.a.s.l.).

Nsukka é caracterizada por condições tropicais húmidas de planície com uma distribuição bimodal da precipitação anual que varia entre 1155 mm e 1955 mm, com uma mudança no segundo pico de precipitação de setembro para outubro, uma temperatura média anual de 29^0 C a 31^0 C e uma humidade relativa que varia entre 69 % e 79 % (Uguru et al., 2011).

Recolha de amostras de solo e de dados climáticos:

As amostras de solo foram colhidas aleatoriamente em 12 pontos representativos, semeados a uma profundidade de 0-20 cm.

Estas foram agrupadas para formar uma amostra composta, da qual foi retirada uma subamostra para análise do solo, a fim de determinar as propriedades físicas e químicas do campo experimental.

Foram recolhidos dados meteorológicos sobre a temperatura, a precipitação e a humidade relativa na Unidade Meteorológica do Departamento de Ciências Agrícolas da Universidade da Nigéria, Nsukka, durante o período das experiências.

Primeira experiência: Caracterização dos frutos e emergência das plântulas

Esta experiência foi realizada para determinar a variabilidade na emergência entre os acessos e para caraterizar os acessos.

Os frutos maduros de T. occidentalis foram classificados em três tamanhos de comprimento: grande (mais de 50 cm), médio (36-50 cm) e pequeno (menos de 36 cm). Os três tamanhos diferentes foram obtidos em seis locais, dando um total de dezoito acessos.

Os acessos foram designados de acordo com a origem e o tamanho dos frutos (Quadro 1). Foi efectuada a caraterização morfológica dos frutos e das sementes. As sementes de cada acesso foram plantadas em meio de serradura para obter dados sobre a emergência das plântulas.

Para determinar possíveis variações fenotípicas entre os acessos, foram medidos/contados os seguintes parâmetros: comprimento do fruto (a), circunferência central do fruto (b), comprimento médio da crista (c), diâmetro da cavidade do fruto (d), altura da semente (e), largura da semente (f), espessura da semente (g), peso da semente, número de sementes/fruto, número de sementes não cheias, número de sementes cheias e dias para a emergência da primeira plântula

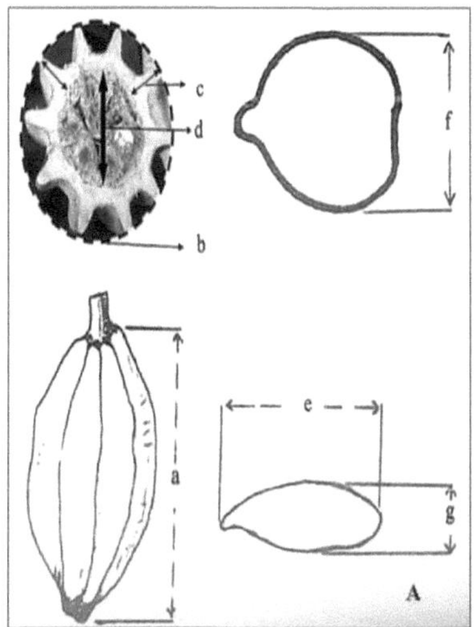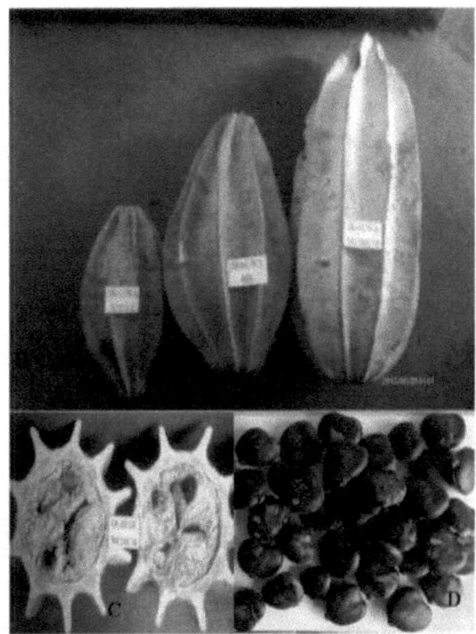

Figura 3: A) alguns dos caracteres medidos nos frutos e nas sementes [Imagem modificada de Odiaka (2005)], B) diferentes tamanhos de frutos C) secção transversal do fruto e D) sementes de T. occidentalis (Fotografia de U. P. Chukwudi)

Tabela 1: Lista de adesões

SOURCE	SIZE	INITIAL
Obukpa	Large	Ob L
Obukpa	Medium	Ob M
Obukpa	Small	Ob S
Iheaka	Large	Ih L
Iheaka	Medium	Ih M
Iheaka	Small	Ih S
Orba	Large	Or L
Orba	Medium	Or M
Orba	Small	Or S
Ibagwa-aka	Large	Ib L
Ibagwa-aka	Medium	Ib M
Ibagwa-aka	Small	Ib S
Ogbede	Large	Og L
Ogbede	Medium	Og M
Ogbede	Small	Og S
Ozalla	Large	Oz L
Ozalla	Medium	Oz M
Ozalla	Small	Oz S

Segunda experiência: Efeito da altura da latada e da frequência de corte na produção de folhas e frutos de T. occidentalis

O desenho experimental foi um fatorial 3 X 2 num desenho de blocos completos aleatórios (RCBD). As três alturas de treliça de bambu (sem treliça, 45 cm e 90 cm) foram combinadas com dois intervalos de corte (sem corte e quinzenal) para dar seis combinações de tratamento que foram replicadas três vezes.

Uma parcela de terreno com 21 m de comprimento por 14 m de largura e uma superfície de 294 m² foi limpa, lavrada, gradeada e delimitada em três blocos. Cada bloco foi dividido em seis parcelas de 4 m X 3 m (12 m²). Foi permitida uma distância de 1 m e 0,5 m entre blocos e parcelas, respetivamente. As sementes foram pré-brotadas no viveiro durante 2 semanas e transplantadas a uma distância de 1 m entre si, com 12 plântulas por parcela, dando uma população de 10.000 plantas por hectare.

O estrume de porco bem curado foi aplicado a 20 t/ha nas parcelas duas semanas antes do transplante e suplementado com fertilizante inorgânico (15:15:15) a 750 kg/ha dividido em quatro e dez semanas após o transplante (Ogar e Asiegbu, 2005). As videiras foram guiadas para a treliça uma semana após o transplante (WAT), enquanto o corte começou aos quatro WAT e três WAT em 2011 e 2012, respetivamente.

Os seguintes dados foram recolhidos quinzenalmente na fase vegetativa; comprimento da videira mais comprida, número de folhas/planta, número de folhas/comprimento da videira de 40 cm, comprimento do folíolo central, largura do folíolo central, diâmetro da videira e produção de folhas comercializáveis por peso. Os números de dias até à primeira antese masculina e feminina foram obtidos na fase reprodutiva, enquanto o número de frutos/parcela, o peso, o comprimento e a circunferência dos frutos/parcela foram obtidos no final da experiência.

Terceira experiência: Efeitos da origem e do tamanho dos frutos na produção de folhas e frutos de T. occidentalis

Este experimento foi realizado com o objetivo de verificar o efeito do acesso sobre o rendimento comercial de T. occidentalis. A experiência foi realizada num fatorial 3 X 6 em blocos completos aleatórios com três repetições. A preparação do campo foi como na experiência dois. As plântulas da experiência um foram transplantadas para o campo e etiquetadas de acordo com a origem e o tamanho (Quadro 1).

Para além dos dados recolhidos na segunda experiência, foram recolhidos os seguintes dados:

    Rácio folha fresca-vinha em peso

    Rácio folha-seca-vinha em peso

Análise estatística: Os dados recolhidos foram submetidos a análise de variância (ANOVA) e agrupamento hierárquico com base nas distâncias euclidianas quadradas utilizando o software estatístico GenStat Release 10.3DE (2011). As médias foram comparadas utilizando a diferença menos significativa de Fisher (F-LSD), tal como descrito por Obi (2002). Os coeficientes de correlação de Pearson e a análise dos coeficientes de caminho foram efectuados, quando necessário, utilizando a abordagem de Dewey e Lu (1959). O software GGE biplot (4.1edition) foi utilizado para mostrar quais vitórias onde e discriminatividade vs. representatividade do testador entre os acessos.

CAPÍTULO 4

RESULTADOS

A precipitação suficientemente elevada para permitir o cultivo foi evidente a partir de abril e durou até outubro, enquanto janeiro, novembro e dezembro foram períodos de pouca ou nenhuma precipitação em ambos os anos (Quadro 2). Os dias de chuva foram bastante estáveis de maio a outubro, embora não tenha havido precipitação em agosto de 2012. A precipitação total/mês atingiu um pico bimodal em julho e setembro de 2011 e em maio e setembro de 2012, mas foi elevada em setembro de 2012 em comparação com os outros meses. Registou-se uma maior quantidade de precipitação e menos dias de chuva em 2012 do que em 2011. A temperatura foi elevada ao longo de todos os anos e não se revelou significativamente limitativa em nenhum período. A humidade relativa seguiu de perto o padrão de precipitação mensal.

O solo do sítio experimental foi caracterizado texturalmente como franco-argiloso arenoso (Quadro 3). O pH era bastante baixo, sendo elevado em acidez permutável. Os teores de N, P e K eram baixos. Os teores de magnésio e cálcio e a saturação por bases também eram baixos.

Quadro 2: Dados meteorológicos para 2011 e 2012

	2011						2012					
	Rainfall (mm)		Temperature (°C)		Relative Humidity (%)		Rainfall (mm)		Temperature (°C)		Relative Humidity (%)	
					10						10	4
	Total	Days	Max	Min	am	4 pm	Total	Days	Max	Min	am	pm
Jan.	0.0	0	32.1	18.4	57.1	44.7	0.0	0	31.7	19.8	58.2	48.7
Feb.	54.9	3	32.3	22.1	73.8	60.5	23.1	3	31.8	21.7	73.6	61.3
Mar.	14.5	2	33.9	22.9	72.2	57.3	0.0	0	33.4	23.0	71.3	53.4
Apr.	87.1	8	30.8	22.0	74.3	65.1	103.9	4	31.4	22.4	73.8	62.8
May	140.5	12	30.4	21.9	74.5	70.1	282.1	13	30.2	21.0	74.1	67.8
June	127.3	12	28.6	21.5	75.7	71.3	193.6	13	28.4	20.3	75.8	71.5
July	193.0	13	27.7	21.0	75.7	72.5	276.1	20	27.8	20.3	75.4	72.3
Aug.	149.1	14	26.9	20.7	76.5	73.9	0.0	0	26.6	20.1	74.6	71.9
Sept.	254.0	15	27.6	20.7	76.8	73.7	307.5	16	27.7	20.4	75.8	75.3
Oct.	183.9	12	28.3	20.8	75.6	72.1	291.6	18	28.3	20.1	73.2	73.0
Nov.	27.9	2	30.3	20.8	69.3	59.5	61.0	4	30.1	21.6	73.8	73.8
Dec.	0.0	0	31.6	16.7	56.5	47.4	0.0	0	30.9	18.7	75.0	75.0

Quadro 3: Propriedades físicas e químicas do solo do sítio experimental

Mechanical properties	
Clay (%)	25
Silt (%)	8
Coarse sand (%)	40
Fine sand (%)	28
Textural class	Sandy clay loam

Chemical properties	
pH in water	4.8
pH in KCl	3.8
Organic carbon (%)	1.46
Organic matter (%)	2.52
Total nitrogen (%)	0.042
Phosphorus (ppm)	22.38
Exchangeable bases in me/100 g soil	
Sodium (Na+)	0.19
Calcium (Ca2+)	2.2
Potassium (K+)	0.06
Magnesium (Mg2+)	1
CEC	8.8
Base saturation (%)	39.2
Exchangeable acidity in me/100 g soil	
Aluminum (Al_3^+)	-
Hydrogen (H^+)	2

EXPERIMENTO UM

Caracterização dos frutos e emergência das plântulas

Os acessos de Ibagwa-aka deram significativamente (P<0,05) maior percentagem de emergência de plântulas (86,8 %) e número de sementes não preenchidas (17,5) do que os outros acessos (Quadro 4). Obteve-se um diâmetro significativamente (P<0,05) elevado da cavidade do fruto (14,89 cm) e um peso de 10 sementes (158,3 g) com os acessos de Iheaka. Os acessos de Obukpa produziram o diâmetro da cavidade do fruto mais baixo, 13 cm, e um comprimento da crista significativamente (P<0,05) mais elevado, 5,35 cm, do que os outros acessos. Os acessos de Ogbede apresentaram uma circunferência do fruto significativamente (P<0,05) elevada, de 78,93 cm, e um número total de sementes de 98,5. Os acessos de Orba apresentaram uma circunferência do fruto significativamente (P<0,05) mais baixa e um número total de sementes de 70 cm e 63,28, respetivamente, do que os outros acessos. Os acessos de Ozalla foram significativamente (P<0,05) mais baixos em largura de sementes, espessura de sementes e peso de 10 sementes do que os outros acessos. Produziu também o maior número de sementes cheias, 91,83, que foi significativamente (P<0,05) superior a outros acessos, com exceção dos acessos Ogbede.

Os frutos de tamanho grande foram significativamente (P<0,05) superiores em todos os parâmetros medidos, exceto no número de sementes não preenchidas e na porcentagem de emergência de plântulas, onde os frutos de tamanho pequeno e médio foram significativamente (P<0,05) superiores, respetivamente (Tabela 5).

Frutos grandes de Ibagwa-aka deram uma emergência de plântulas significativamente maior (P<0,05) de 92,78% do que os outros acessos (Tabela 6). Frutos de tamanho pequeno de Ibagwa-aka deram a menor circunferência do fruto, comprimento da crista e altura da semente. Também foi significativamente (P<0,05) maior em número de sementes não preenchidas (24,5) do que os outros acessos, com exceção dos frutos de tamanho médio de Ibagwa-aka (22,67). Os frutos de tamanho grande de Iheaka foram significativamente (P<0,05) mais altos em circunferência do fruto (92,37 cm) e diâmetro da cavidade do fruto (16,75 cm) do que os outros acessos. Os frutos pequenos de Obukpa apresentaram uma percentagem significativamente (P<0,05) mais baixa de emergência de plântulas (43,01%) do que os outros acessos. Frutos grandes de Ogbede deram um número total de sementes significativamente maior (P<0,05) de 129,33 e um número de sementes cheias de 120,33 do que os outros acessos. Frutos de tamanho pequeno de Orba deram um número significativamente (P<0,05) menor de sementes cheias de 17,17 do que os outros acessos. Frutos grandes de Orba apresentaram espessura e peso de sementes de 20,16 mm e 179,40 g, respetivamente, que foram significativamente (P<0,05) maiores que os demais.

Quadro 4: Efeito principal da origem do fruto nas caraterísticas do fruto de T. occidentalis

Fruit Source	FL (cm)	FC (cm)	FCD (cm)	RL (cm)	TNS	FS	US	ST (mm)	SH (cm)	SW (cm)	SWt (g)	SE (%)
Ibagwa-aka	43.89	70.68	13.26	4.68	78.11	60.61	17.50	16.54	3.24	3.78	130.3	86.81
Iheaka	44.78	75.78	14.89	4.77	80.83	75.39	5.44	15.38	3.42	3.90	158.3	83.18
Obukpa	42.53	72.16	13.00	5.35	76.89	72.22	1.17	16.42	3.32	3.84	124.3	71.89
Ogbede	48.44	78.93	14.22	5.16	98.50	89.89	8.78	16.81	3.40	3.77	130.1	76.38
Orba	43.94	70.00	14.06	4.61	63.28	56.78	5.94	16.73	3.35	3.94	144.1	72.53
Ozalla	43.39	74.93	14.14	4.61	95.39	91.83	3.67	14.42	3.31	3.64	109.1	78.55
F-LSD	0.71	0.99	0.39	0.20	2.33	5.40	3.70	0.65	0.11	0.10	7.1	0.88

FL=comprimento do fruto, FC=circunferência do fruto, FCD=diâmetro da cavidade do fruto, RL=comprimento da crista, TNS=número total de sementes, FS=número de sementes cheias, US=número de sementes não cheias, SH=altura da semente, SW=largura da semente, ST=espessura da semente, SWt.= peso de 10 sementes e SE=emergência de plântulas.

Quadro 5: Efeito principal do tamanho do fruto nas caraterísticas do fruto de T. occidentalis

Fruit size	FL (cm)	FC (cm)	FCD (cm)	RL (cm)	TNS	FS	US	ST (mm)	SH (cm)	SW (cm)	SWt (g)	SE (%)
Large	59.06	87.76	15.77	6.28	97.58	92.81	4.78	17.94	3.52	4.05	155.60	80.53
Medium	41.93	74.60	14.45	4.94	83.44	76.64	5.19	16.17	3.39	3.91	139.30	83.20
Small	32.50	58.88	11.56	3.38	65.47	53.92	11.28	14.03	3.12	3.47	103.10	70.94
F-LSD	0.41	0.57	0.22	0.12	1.34	3.10	2.13	0.38	0.07	0.06	4.08	0.51

FL=comprimento do fruto, FC=circunferência do fruto, FCD=diâmetro da cavidade do fruto, RL=comprimento da crista, TNS=número total de sementes, FS=número de sementes cheias, US=número de sementes não cheias, SH=altura da semente, SW=largura da semente, ST=espessura da semente, SWt.= peso de 10 sementes e SE=emergência de plântulas.

Tabela 6: Interação fonte de frutos x tamanho nas caraterísticas dos frutos de T. occidentalis

Acc.	FL (cm)	FC (cm)	FCD (cm)	RL (cm)	TNS	FS	US	ST (mm)	SH (cm)	SW (cm)	SWt (g)	SE (%)
Ib-L	60.33	84.50	14.92	5.85	97.83	92.50	5.33	19.51	3.60	3.95	167.0	92.78
Ib-M	41.17	73.23	14.03	5.03	75.83	53.17	22.67	16.79	3.29	3.99	135.0	91.12
Ib-S	30.17	54.30	10.83	3.16	60.67	36.17	24.50	13.30	2.83	3.40	89.0	76.53
Ih-L	60.33	92.37	16.75	6.47	81.67	71.67	10.00	17.65	3.49	4.02	169.3	80.23
Ih-M	41.00	74.30	15.83	4.51	79.33	76.50	2.83	16.27	3.58	4.14	175.4	90.16
Ih-S	33.00	60.67	12.08	3.32	81.50	78.00	3.50	12.22	3.21	3.54	130.1	79.16
Ob-L	59.50	85.47	15.63	7.20	94.00	90.67	3.33	17.67	3.34	4.23	144.7	84.10
Ob-M	38.42	73.20	12.75	5.65	83.00	72.50	10.50	15.73	3.28	3.58	120.1	88.57
Ob-S	29.67	57.80	10.62	3.21	53.67	53.50	0.17	15.88	3.33	3.71	108.0	43.01
Og-L	61.17	90.70	15.58	6.30	129.33	120.33	9.00	17.00	3.61	3.96	148.5	82.00
Og-M	49.00	84.30	14.67	5.40	85.83	84.00	1.83	17.80	3.43	3.93	140.3	76.39
Og-S	35.17	61.79	12.42	3.78	80.34	65.17	15.17	15.62	3.17	3.43	101.4	70.75
Or-L	57.00	82.97	15.00	5.89	75.83	75.33	0.50	20.16	3.48	4.32	179.4	59.77
Or-M	40.00	67.40	15.17	4.39	78.33	77.83	0.50	15.68	3.33	4.06	144.4	74.61
Or-S	34.83	59.64	12.00	3.57	35.67	17.17	16.83	14.33	3.23	3.44	108.6	83.21
Oz-L	56.00	90.53	16.75	5.95	106.83	106.33	0.50	15.67	3.57	3.80	124.7	84.32
Oz-M	42.00	75.17	14.25	4.65	98.33	95.67	3.00	14.74	3.43	3.79	120.8	78.33
Oz-S	32.17	59.08	11.42	3.24	81.00	73.50	7.50	12.86	2.94	3.33	81.8	72.99
F-lsd	1.23	1.71	0.67	0.35	4.03	9.31	6.40	1.13	0.20	0.17	12.2	1.53

Acc = acessos, FL= comprimento do fruto, FC= circunferência do fruto, FCD= diâmetro da cavidade do fruto, RL= comprimento da crista, TNS= número total de sementes, FS= número de sementes cheias, US= número de sementes não cheias, SH= altura da semente, SW= largura da semente, ST= espessura da semente, SWt.= peso de 10 sementes e SE= emergência de plântulas.

O comprimento do fruto apresentou uma correlação positiva e significativa com o comprimento da crista (r=.85, n=108) (Quadro 7). Todas as caraterísticas mostraram uma correlação positiva e altamente significativa com o comprimento do fruto, a circunferência do fruto e o diâmetro da cavidade do fruto, exceto o número de sementes não preenchidas que mostrou uma correlação negativa. O diâmetro da cavidade do fruto teve a correlação mais alta e positiva significativa de 0,34 com a emergência de plântulas. O comprimento do fruto, a circunferência do fruto, o diâmetro da cavidade do fruto, o comprimento da crista, o número total de sementes e o número de sementes cheias apresentaram correlação positiva e significativa com a emergência das plântulas. O número total de sementes/fruto teve o maior efeito positivo direto de 0,667 na emergência de plântulas (Tabela 8). Teve efeito positivo indireto de 0,182, 0,175, 0,024, 0,006 e 0,004 através do diâmetro da cavidade do fruto, comprimento da crista, peso de 10 sementes, circunferência do fruto e sementes não cheias, respetivamente. A circunferência do fruto, o diâmetro da cavidade do fruto, o comprimento da crista e o peso de 10 sementes tiveram um efeito positivo direto na emergência das plântulas. O comprimento do fruto, a semente cheia, a semente não cheia, a altura da semente, a largura da semente e a espessura da semente tiveram um efeito direto negativo na emergência das plântulas. O número total de sementes/fruto, a circunferência do fruto, o diâmetro da cavidade do fruto, o comprimento da crista e o peso de 10 sementes tiveram um efeito positivo indireto na emergência das plântulas através de outros parâmetros do fruto e da semente medidos, exceto as sementes não cheias. O comprimento do fruto, as sementes cheias, a altura da semente, a largura da semente e a espessura da semente tiveram um efeito negativo indireto na emergência das plântulas através de outros parâmetros do fruto e da semente medidos, exceto as sementes não cheias.

Quadro 7: Coeficientes de correlação entre as caraterísticas dos frutos e das sementes e a emergência de plântulas de T. occidentalis

	FL	FC	FCD	RL	TNS	FS	US	SH	SW	ST	SWt	SE
FL	-	.81**	.62**	.85**	.57**	.53**	-.11	.53**	.58**	.62**	.52**	.20*
FC		-	.81**	.86**	.58**	.59**	-.25**	.44**	.50**	.65**	.62**	.30**
FCD			-	.64**	.49**	.52**	-.18	.49**	.54**	.56**	.64**	.34**
RL				-	.55**	.55**	-.24*	.42**	.54**	.60**	.56**	.28**
TNS					-	.89**	-.12	.49**	.40**	.24*	.26**	.30**
FS						-	-.50**	.46**	.40**	.26**	.38**	.20*
US							-	-.06	-.09	-.16	-.35**	.08
SH								-	.75**	.35**	.53**	.15
SW									-	.52**	.69**	.13
SG										-	.60**	.04
SWt											-	.15
SE												-

FL=comprimento do fruto, FC=circunferência do fruto, FCD=diâmetro da cavidade do fruto, RL=comprimento da crista, TNS=número total de sementes, FS=número de sementes cheias, US=número de sementes não cheias, SH=altura da semente, SW=largura da semente, ST=espessura da semente, SWt.= peso de 10 sementes, SE=emergência de plântulas, ** = Correlação significativa ao nível de 0,01 (bicaudal), e * = Correlação significativa ao nível de 0,05 (bicaudal)

Quadro 8: Efeito direto (diagonal) e indireto de algumas caraterísticas dos frutos e das sementes na emergência de plântulas de *T. occidentalis*

	FL	FC	FCD	RL	TNS	FS	US	SH	SW	ST	SWt	SE
FL	**-0.212**	0.008	0.230	0.271	0.380	-0.322	0.004	-0.006	-0.043	-0.158	0.049	0.20
FC	-0.172	**0.010**	0.300	0.274	0.387	-0.358	0.009	-0.005	-0.037	-0.166	0.058	0.30
FCD	-0.132	0.008	**0.371**	0.204	0.327	-0.316	0.007	-0.005	-0.040	-0.143	0.060	0.34
RL	-0.181	0.009	0.237	**0.319**	0.367	-0.334	0.009	-0.005	-0.040	-0.153	0.052	0.28
TNS	-0.121	0.006	0.182	0.175	**0.667**	-0.541	0.004	-0.005	-0.030	-0.061	0.024	0.30
FS	-0.113	0.006	0.193	0.175	0.593	**-0.608**	0.018	-0.005	-0.030	-0.066	0.035	0.20
US	0.023	-0.003	-0.067	-0.077	-0.080	0.304	**-0.037**	0.001	0.007	0.041	-0.033	0.08
SH	-0.113	0.004	0.182	0.134	0.327	-0.279	0.002	**-0.011**	-0.056	-0.089	0.049	0.15
SW	-0.123	0.005	0.200	0.172	0.267	-0.243	0.003	-0.008	**-0.075**	-0.133	0.064	0.13
ST	-0.132	0.007	0.208	0.191	0.160	-0.158	0.006	-0.004	-0.039	**-0.255**	0.056	0.04
SWt	-0.110	0.006	0.237	0.179	0.173	-0.231	0.013	-0.006	-0.052	-0.153	**0.093**	0.15
Residual												0.756

FL=comprimento do fruto, FC=circunferência do fruto, FCD=diâmetro da cavidade do fruto, RL=comprimento da crista, TNS=número total de sementes, FS=número de sementes cheias, US=número de sementes não cheias, SH=altura da semente, SW=largura da semente, ST=espessura da semente, SWt.= peso de 10 sementes, SE=emergência de plântulas, ** = Correlação significativa ao nível de 0,01 (bicaudal), e * = Correlação significativa ao nível de 0,05 (bicaudal)

EXPERIMENTO DOIS

Efeito da altura da latada e da frequência de corte na produção de folhas e frutos de T. occidentalis

As vinhas não cortadas apresentaram valores mais elevados de todos os parâmetros medidos do que as vinhas cortadas de duas em duas semanas, ao longo das dez semanas de corte, com exceção do diâmetro do caule às quatro semanas após o transplante (WAT) e do número de vinhas às oito WAT (Quadro 9). As videiras não cortadas produziram significativamente (P<0,05) maior número de videiras, número de folhas/comprimento da videira, comprimento da videira mais longa e folheto central aos quatro DAT; número de folhas/comprimento da videira aos seis DAT e comprimento da videira mais longa aos oito DAT.

O tratamento sem espaldeira foi significativamente (P<0,05) superior às outras alturas de espaldeira em número de folhas/comprimento da videira aos seis e oito DAT (Quadro 10). Também produziu um valor estatisticamente semelhante com a altura da latada de 90 cm em número de videiras aos quatro, seis e oito DAT. A altura da latada de 90 cm produziu um comprimento de videira significativamente mais elevado (P<0,05) aos seis e oito dias de tratamento.

A altura da treliça de 45 cm e corte quinzenal deu o maior diâmetro de caule de 8,92 mm, que foi significativamente (P<0,05) maior do que o não treliçado e não cortado aos quatro WAT (Tabela 11). A altura da treliça de 90 cm e não cortada foi significativamente (P<0,05) mais alta do que a maioria das outras combinações de tratamento em número de videiras, comprimento da videira, largura e comprimento dos folhetos centrais aos quatro WAT. Foi também significativamente (P<0,05) mais elevada em diâmetro do caule, número de videiras, comprimento da videira e número de folhas/planta do que a maioria das combinações de tratamento aos seis dias de maturação.

O quadro 12 mostra uma diferença não significativa (P<0,05) para o diâmetro do caule entre as alturas das latadas para os períodos medidos, exceto aos nove dias da colheita, em que a altura da latada de 90 cm foi significativamente (P<0,05) superior à altura da latada de 45 cm e à não latada. Aos sete e nove dias após o início da maturação, o tratamento sem latada foi significativamente (P<0,05) inferior às alturas de latada de 45 cm e 90 cm no comprimento da videira mais longa. Também deu o maior número de folhas/planta durante os períodos que não foram significativamente (P<0,05) diferentes dos outros. Aos nove DAT, a altura da latada de 45 cm foi significativamente

(P<0,05) maior no comprimento do folíolo central do que as outras.

Não houve diferença significativa (P<0,05) entre as frequências de corte no diâmetro do caule, exceto aos sete dias de maturação, onde as videiras não cortadas foram significativamente (P<0,05) superiores ao corte quinzenal (Quadro 13). O comprimento da videira mais comprida, o número de videiras e o número de folhas/planta do corte sem corte foram significativamente (P<0,05) mais elevados do que o corte bissemanal aos cinco, sete e nove dias de maturação.

Tabela 9: Efeito principal da frequência de corte nos parâmetros de crescimento morfológico de T. occidentalis durante dez semanas após o transplante em 2011

Cutting Frequency	SD	NOV	LLV	LP	LVL	WCL	LCL
				4 WAT			
Uncut	7.46	6.06	174.70	93.00	6.00	6.71	12.28
Bi-weekly cutting	8.10	5.50	143.20	73.00	5.00	6.66	11.57
F-LSD (P=0.05)	n.s	0.56	21.83	11.50	n.s	n.s	0.65
				6 WAT			
Uncut	8.43	7.61	164.20	72.00	4.94	7.67	13.23
Bi-weekly cutting	8.18	7.06	152.80	67.00	4.56	7.42	12.83
F-LSD (P=0.05)	n.s	n.s	n.s	n.s	0.37	n.s	n.s
				8 WAT			
Uncut	10.03	4.17	244.40		4.00		
Bi-weekly cutting	9.32	4.33	186.60		4.00		
F-LSD (P=0.05)	n.s	n.s	26.86		n.s		
				10 WAT			
Uncut	12.25	4.85					
Bi-weekly cutting	11.16	4.81					
F-LSD (P=0.05)	n.s	n.s					

SD=Diâmetro do caule (mm), NOV=Número de videiras, LLV=Comprimento da videira mais comprida (cm), LP=Número de folhas por planta, LVL=Número de folhas por comprimento de videira de 40cm, WCL=Largura do folíolo central (cm), LCL=Comprimento do folíolo central (cm), n.s=não significativo e WAT=Semanas após o transplante.

Quadro 10: Efeito principal das alturas das latadas nos parâmetros de crescimento morfológico de T. occidentalis durante dez semanas após o transplante em 2011

Trellis Height	SD	NOV	LLV	LP	LVL	WCL	LCL
				4 WAT			
Non-trellised	7.46	6.67	147.60	90.00	6.00	5.83	11.22
45 cm	8.39	4.42	169.10	66.00	6.00	7.39	12.71
90 cm	7.49	6.25	160.20	92.00	6.00	6.84	11.85
F-LSD(P=0.05)	n.s	0.68	n.s	14.00	n.s	0.80	0.79
				6 WAT			
Non-trellised	7.73	8.17	124.00	67.50	5.25	5.95	10.05
45 cm	8.21	5.92	136.60	59.20	4.75	7.55	12.90
90 cm	8.98	7.92	214.80	81.20	4.25	9.13	16.15
F-LSD(P=0.05)	0.60	0.75	19.79	8.34	0.45	1.16	1.54

				8 WAT
Non-trellised	9.92	4.33	177.80	4.83
45 cm	8.86	4.08	201.30	4.33
90 cm	10.25	4.33	267.30	3.50
F-LSD(P=0.05)	n.s	n.s	32.89	0.57
				10 WAT
Non-trellised	11.86	5.00		
45 cm	11.47	4.22		
90 cm	11.77	5.28		
F-LSD(P=0.05)	n.s	n.s		

SD=Diâmetro do caule (mm), NOV=Número de videiras, LLV=Comprimento da videira mais comprida (cm), LP=Número de folhas por planta, LVL=Número de folhas por comprimento de videira de 40cm, WCL=Largura do folíolo central (cm), LCL=Comprimento do folíolo central (cm), n.s=não significativo e WAT=Semanas após o transplante.

Tabela 11: Interação altura da latada x frequência de corte nos parâmetros de crescimento morfológico de T. occidentalis durante dez semanas após o transplante em 2011

Trellis Height	Cutting Frequency	SD	NOV	LLV	LP	LVL	WCL	LCL
				4 WAT				
Non-trellised	**Uncut**	6.98	7.33	145.50	99.50	6.50	6.15	11.33
Non-trellised	**Bi-weekly cutting**	7.93	6.00	149.70	79.80	5.50	5.50	11.10
45 cm	**Uncut**	7.87	3.67	165.00	62.30	6.00	6.73	12.00
45 cm	**Bi-weekly cutting**	8.92	5.17	173.20	70.30	5.50	8.05	13.42
90 cm	**Uncut**	7.53	7.17	213.70	116.50	6.00	7.25	13.52
90 cm	**Bi-weekly cutting**	7.45	5.33	106.70	67.80	5.17	6.43	10.18
F-LSD(P=0.05)		1.76	0.96	37.81	19.91	n.s	1.14	1.12
				6 WAT				
Non-trellised	**Uncut**	8.10	9.00	114.00	67.00	5.50	6.00	11.00
Non-trellised	**Bi-weekly cutting**	7.37	7.33	134.00	68.10	5.00	5.90	9.10
45 cm	**Uncut**	7.70	4.33	126.70	55.30	5.00	8.00	13.00
45 cm	**Bi-weekly cutting**	8.72	7.50	146.50	63.00	4.50	7.10	12.80
90 cm	**Uncut**	9.50	9.50	251.80	93.50	4.33	9.00	15.70
90 cm	**Bi-weekly cutting**	8.47	6.33	177.80	69.00	4.17	9.27	16.60
F-LSD(P=0.05)		0.85	1.06	27.99	11.80	0.64	1.64	2.17
				8 WAT				
Non-trellised	**Uncut**	10.10	3.83	196.50		4.83		
Non-trellised	**Bi-weekly cutting**	9.73	4.83	159.20		4.83		
45 cm	**Uncut**	9.08	4.17	236.20		4.50		
45 cm	**Bi-weekly cutting**	8.63	4.00	166.50		4.17		
90 cm	**Uncut**	10.92	4.50	300.70		3.83		
90 cm	**Bi-weekly cutting**	9.58	4.17	234.00		3.17		
F-LSD(P=0.05)		n.s	n.s	46.52		0.81		
				10 WAT				
Non-trellised	**Uncut**	12.10	4.78					
Non-trellised	**Bi-weekly cutting**	11.61	5.22					

45 cm	Uncut	12.31	4.11
45 cm	Bi-weekly cutting	10.64	4.33
90 cm	Uncut	12.33	5.67
90 cm	Bi-weekly cutting	11.21	4.89
F-LSD(P=0.05)		n.s	n.s

SD=Diâmetro do caule (mm), NOV=Número de videiras, LLV=Comprimento da videira mais comprida (cm), LP=Número de folhas por planta, LVL=Número de folhas por comprimento de videira de 40cm, WCL=Largura do folíolo central (cm), LCL=Comprimento do folíolo central (cm), n.s=não significativo e WAT=Semanas após o transplante.

Quadro 12: Efeito principal das alturas das latadas nos parâmetros de crescimento morfológico de T. occidentalis durante nove semanas após o transplante em 2012

Trellis Height	SD	NOV	LLV	LP	LVL	WCL	LCL
				3 WAT			
Non-trellised	5.22	1.42	44.50	17.00	5.50	4.52	7.73
45 cm	5.13	1.50	40.60	14.80	5.42	4.31	8.27
90 cm	5.18	1.50	49.80	16.40	4.42	5.02	9.13
F-LSD(P=0.05)	n.s	n.s	n.s	n.s	0.86	n.s	1.32
				5 WAT			
Non-trellised	7.22	4.25	63.20	46.90	6.67	5.87	10.33
45 cm	6.94	3.17	80.80	41.20	6.08	6.55	12.38
90 cm	7.22	3.50	80.80	45.60	6.00	6.59	12.21
F-LSD(P=0.05)	n.s	0.88	n.s	n.s	n.s	n.s	0.74
				7 WAT			
Non-trellised	7.51	6.38	114.00	74.00	4.88	7.54	12.88
45 cm	7.34	4.00	150.80	62.70	4.00	8.56	14.11
90 cm	7.79	4.75	141.80	73.10	4.75	7.59	13.72
F-LSD(P=0.05)	n.s	1.94	15.14	n.s	0.85	n.s	n.s
				9 WAT			
Non-trellised	7.93	5.25	136.20	97.20	4.38	8.54	12.88
45 cm	8.28	5.50	199.10	81.20	3.50	8.33	14.48
90 cm	9.40	5.62	220.50	96.50	3.75	8.50	13.29
F-LSD(P=0.05)	0.81	n.s	22.30	n.s	0.52	n.s	0.91

SD=Diâmetro do caule (mm), NOV=Número de videiras, LLV=Comprimento da videira mais longa (cm), LP=Número de folhas por planta, LVL=Número de folhas por comprimento de videira de 40cm, WCL=Largura do folíolo central (cm), LCL=Comprimento do folíolo central (cm), e WAT=Semanas após o transplante, n.s=não significativo.

Quadro 13: Efeito principal da frequência de corte nos parâmetros de crescimento morfológico de T. occidentalis durante nove semanas após o transplante em 2012

Cutting Frequency	SD	NOV	LLV	LP	LVL	WCL	LCL
				3 WAT			
Uncut	5.08	1.33	45.00	16.80	5.28	4.53	7.89
Bi-weekly cutting	5.27	1.61	44.90	15.30	4.94	4.71	8.86
F-LSD(P=0.05)	n.s	n.s	n.s	n.s	n.s	n.s	n.s
				5 WAT			
Uncut	7.16	4.11	83.90	53.00	6.39	6.55	12.06

	SD	NOV	LLV	LP	LVL	WCL	LCL
Bi-weekly cutting	7.09	3.17	66.00	36.10	6.11	6.12	11.22
F-LSD(P=0.05)	n.s	0.72	16.47	9.81	n.s	n.s	0.61
7 WAT							
Uncut	7.92	5.75	151.20	86.20	4.58	7.06	12.45
Bi-weekly cutting	7.18	4.33	119.80	53.70	4.50	8.73	14.69
F-LSD(P=0.05)	0.51	1.58	12.36	17.00	n.s	1.03	1.48
9 WAT							
Uncut	8.82	6.08	247.50	121.60	3.33	8.93	13.69
Bi-weekly cutting	8.25	4.83	123.10	61.80	4.42	7.98	13.40
F-LSD(P=0.05)	n.s	0.98	18.21	24.24	0.42	0.74	n.s

SD=Diâmetro do caule (mm), NOV=Número de videiras, LLV=Comprimento da videira mais comprida (cm), LP=Número de folhas por planta, LVL=Número de folhas por comprimento de videira de 40cm, WCL=Largura do folíolo central (cm), LCL=Comprimento do folíolo central (cm), n.s=não significativo e WAT=Semanas após o transplante.

A altura não cortada e treliçada de 90 cm foi significativamente (P<0,05) mais elevada em diâmetro do caule do que as outras, aos sete e nove DAT (Quadro 14). As videiras não cortadas e com uma altura de 45 cm produziram um comprimento de videira significativamente (P<0,05) mais elevado do que as videiras cortadas quinzenalmente e com uma altura de 45 cm, e as videiras não treliçadas, aos cinco DAT. As videiras não cortadas e as não treliçadas foram significativamente (P<0,05) mais altas em número de folhas/planta do que as outras aos cinco, sete e nove DAT. Aos nove DAT, as cepas não podadas e as cepas cortadas quinzenalmente foram significativamente (P<0,05) mais baixas em número de cepas.

A Tabela 15 não mostrou diferença significativa (P<0,05) entre as freqüências de corte e entre as alturas de treliça, mas revelou uma diminuição nos dias para a primeira antese feminina à medida que a altura da treliça aumentou. As alturas de 45 cm e 90 cm, sem corte e com treliça, deram os dias mais curtos de 114,7 e 115, respetivamente, para a primeira antese feminina, que foram significativamente (P<0,05) mais baixos do que o corte quinzenal que foi treliçado a 45 cm de altura. As plantas masculinas não cortadas floresceram mais cedo do que as plantas masculinas cortadas. Houve uma diminuição dos dias para a primeira antese masculina à medida que a altura da latada aumentou, embora não tenha havido diferença significativa (P<0,05) entre as alturas da latada. A altura não cortada e a altura da treliça de 90 cm deram os dias mais curtos para a primeira antese masculina de 103,3 dias.

As alturas das latadas de 45 cm e 90 cm deram rendimentos foliares totais de 7,29 e 9,0 t/ha, respetivamente, que foram estatisticamente semelhantes, mas significativamente (P<0,05) mais elevados do que os não treliçados (5,25 t/ha) em 2011 (Quadro 16), enquanto em 2012, a altura da latada de 90 cm foi significativamente (p<0,05) mais elevada do que as outras em três WAT. Também foi significativamente (p<0,05) mais elevada do que a não treliçada no rendimento foliar total/hectare.

As videiras não cortadas produziram valores significativamente (P<0,05) mais altos para o peso médio dos frutos (2,8 kg), circunferência dos frutos (57,3 cm) e comprimento dos frutos do que as cortadas (Tabela 17). Não houve diferença significativa (P<0,05) entre o corte quinzenal e sem corte no peso total dos frutos e no número de frutos/hectare em 2011. Também em 2012, não houve diferença significativa (P<0,05) entre os tratamentos com corte quinzenal e sem corte para os parâmetros de frutos medidos, mas as videiras sem corte deram valores mais elevados para todos os parâmetros medidos, exceto o número de frutos/hectare.

Tabela 14: Interação entre as alturas das árvores e a frequência de corte nos parâmetros de crescimento morfológico de T. occidentalis durante nove semanas após o transplante em 2012

Trellis Height	Cutting Frequency	SD	NOV	LLV	LP	LVL	WCL	LCL
						3 WAT		
Non-trellised	Uncut	5.30	1.67	41.70	18.20	5.83	4.38	7.63
Non-trellised	Bi-weekly cutting	5.13	1.17	47.30	15.80	5.17	4.67	7.82
45 cm	Uncut	4.73	1.17	43.50	16.30	5.67	4.43	7.50
45 cm	Bi-weekly cutting	5.52	1.83	37.70	13.30	5.17	4.18	9.03
90 cm	Uncut	5.20	1.17	49.80	16.00	4.33	4.78	8.55
90 cm	Bi-weekly cutting	5.17	1.83	49.70	16.80	4.50	5.27	9.72
F-LSD(P=0.05)		n.s	n.s	n.s	n.s	1.22	n.s	1.86
						5 WAT		
Non-trellised	Uncut	7.67	5.00	70.30	60.70	6.83	5.80	10.48
Non-trellised	Bi-weekly cutting	6.77	3.50	56.20	33.20	6.50	5.90	10.17
45 cm	Uncut	6.32	3.83	98.50	47.20	5.83	7.10	13.53
45 cm	Bi-weekly cutting	7.57	2.50	63.00	35.20	6.33	6.00	11.23
90 cm	Uncut	7.48	3.50	82.80	51.20	6.50	6.70	12.17
90 cm	Bi-weekly cutting	6.95	3.50	78.80	40.00	5.50	6.45	12.25
F-LSD(P=0.05)		n.s	1.25	28.53	16.99	n.s	1.28	1.05
						7 WAT		
Non-trellised	Uncut	7.65	7.50	129.20	96.00	5.00	7.23	11.90
Non-trellised	Bi-weekly cutting	7.38	5.25	98.80	52.00	4.75	7.85	13.85
45 cm	Uncut	7.70	4.25	175.20	75.20	4.00	7.95	13.80
45 cm	Bi-weekly cutting	6.98	3.75	126.20	50.20	4.00	9.18	14.42
90 cm	Uncut	8.40	5.50	149.00	87.50	4.75	6.00	11.65
90 cm	Bi-weekly cutting	7.18	4.00	134.50	58.80	4.75	9.18	15.80
F-LSD(P=0.05)		0.88	2.74	21.42	29.44	n.s	1.79	2.56
						9 WAT		
Non-trellised	Uncut	7.73	6.50	184.20	134.50	4.00	9.10	13.25
Non-trellised	Bi-weekly cutting	8.13	4.00	88.20	60.00	4.75	7.98	12.50
45 cm	Uncut	8.48	5.75	293.00	105.20	3.00	8.73	14.33
45 cm	Bi-weekly cutting	8.08	5.25	105.20	57.20	4.00	7.93	14.62
90 cm	Uncut	10.25	6.00	265.20	125.00	3.00	8.95	13.50
90 cm	Bi-weekly cutting	8.55	5.25	175.80	68.00	4.50	8.05	13.08
F-LSD(P=0.05)		1.14	1.70	31.53	41.98	0.73	n.s	1.29

SD=Diâmetro do caule (mm), NOV=Número de videiras, LLV=Comprimento da videira mais longa (cm),

LP=Número de folhas por planta, LVL=Número de folhas por comprimento de videira de 40cm, WCL=Largura do folíolo central (cm), LCL=Comprimento do folíolo central (cm), e WAT=Semanas após o transplante, n.s=não significativo.

Quadro 15: Efeito da altura da latada e da frequência de corte no número de dias até à primeira antese

Cutting Frequency	Trellis Height			Mean
	Non-trellised	45 cm	90 cm	
	Female			
Uncut	124.7	114.7	115	118.1
Bi-weekly cutting	121.3	126.7	117.7	121.9
Mean	123	120.7	116.3	
	Male			
Uncut	107.7	107	103.3	106
Bi-weekly cutting	111.3	110.7	107	109.7
Mean	109.5	108.8	105.2	

F-LSD (P=0.05) for Cutting Frequency Female(CF) = non-significant
F-LSD (P=0.05) for Trellis Height Female (TH) = non-significant
F-LSD (P=0.05) for female CF X TH = 10.75
F-LSD (P=0.05) for Cutting Frequency male(CF) = non-significant
F-LSD (P=0.05) for Trellis Height Male (TH) = non-significant
F-LSD (P=0.05) for male CF X SH = non-significant

Quadro 16: Efeitos principais das alturas das latadas no rendimento foliar colhível (t/ha) de T. occidentalis

Trellis Height	2011					
	4 WAT	6 WAT	8 WAT	10 WAT	12 WAT	TOTAL
Non-trellised	1.29	0.58	1.38	1.10	0.90	5.25
45 cm	1.33	0.81	2.08	1.88	1.19	7.29
90 cm	1.04	1.08	3.00	2.38	1.50	9.00
F-LSD(P=0.05)	n.s	0.29	0.89	0.29	n.s	1.75
	2012					
	3 WAT	5 WAT	7 WAT	9 WAT		TOTAL
Non-trellised	0.78	0.93	1.22	1.74		4.66
45 cm	1.08	1.31	1.56	2.21		6.17
90 cm	1.27	1.21	1.63	2.29		6.40
F-LSD(P=0.05)	0.16	n.s	n.s	n.s		1.59

WAT= Semanas após a transplantação, t/ha=toneladas/hectare e n.s=não significativo

Quadro 17: Efeitos principais da frequência de corte na produção de frutos de T. occidentalis

Cutting Frequency	NFH	TFWH (t/ha)	AFW (kg)	FC (cm)	FL (cm)
			2011		
Uncut	3403	8.68	2.8	57.3	35.3
Bi-weekly cutting	4167	7.25	1.2	31.5	19.8

F-LSD(P=0.05)	n.s	n.s	0.6	5.9	3.2
			2012		
Uncut	6042	25.41	4.4	63.7	42.9
Bi-weekly cutting	6806	23.19	3.6	61.7	40.2
F-LSD(P=0.05)	n.s	n.s	n.s	n.s	n.s

NFH=Número de Frutos/Hectare, TFWH=Peso Total de Frutos/Hectare (t/ha), AFW=Peso Médio de Frutos (kg), FC=Circunferência do Fruto (cm), FL=Comprimento do Fruto, e n.s=não significativo.

Em 2011, a altura da latada de 90 cm produziu os valores mais elevados para os parâmetros de produção de frutos medidos (Quadro 18). Foi estatisticamente semelhante à altura da latada de 45 cm, exceto para o peso do fruto/hectare, em que foi significativamente (P<0,05) superior aos outros tratamentos de latada. O tratamento sem latada foi significativamente (P<0,05) inferior nos parâmetros de produção de frutos medidos. Também em 2012, a altura da latada de 90 cm foi significativamente (P<0,05) superior às outras no peso médio dos frutos e na circunferência dos frutos. Também deu o maior comprimento de fruto que não foi significativamente (P<0,05) diferente dos outros. A planta não treliçada deu o maior número de frutos/hectare, que foi significativamente (P<0,05) maior do que a altura de 90 cm da treliça.

As alturas de 45 cm e 90 cm com corte quinzenal produziram significativamente (P<0,05) maior número de frutos/hectare de 6250 cada (Quadro 19). As videiras não cortadas e a altura da latada de 90 cm foram significativamente (P<0,05) mais altas no peso médio dos frutos do que as outras, com exceção das videiras não cortadas e não treliçadas. Também deu um peso de fruto/hectare significativamente mais elevado (P<0,05) de 11,92 t/ha, uma circunferência de fruto de 58,9 cm e um comprimento de fruto de 37,4 cm do que as outras em 2011.

A altura de 90 cm sem corte e com treliça deu o maior peso médio de frutos de 5,11 kg, que foi significativamente (P<0,05) maior do que o corte quinzenal e a altura de 45 cm da treliça, e o tratamento sem treliça e com corte quinzenal em 2012. A altura da treliça de 90 cm e o tratamento com corte quinzenal produziram a maior circunferência do fruto de 69,1 cm, que foi significativamente (P<0,05) maior do que o corte quinzenal e a altura da treliça de 45 cm, e o tratamento sem treliça e com corte quinzenal. Produziu também o maior comprimento de fruto de 46,5 cm, significativamente (P<0,05) superior ao corte bissemanal e à altura da latada de 45 cm. As videiras não cortadas e a altura da latada de 45 cm deram o maior peso total de frutos/hectare de 30,52 t/ha, que foi significativamente (P<0,05) superior ao corte bissemanal e à altura da latada de 45 cm.

Quadro 18: Efeitos principais da altura das latadas na produção de frutos de T. occidentalis

Trellis Height	NFH	TFWH (t/ha)	AFW (kg)	FC (cm)	FL (cm)
			2011		
Non-trellised	1562	3.88	1.3	28.0	17.4
45 cm	4792	8.19	2.0	51.2	31.7

		5000	11.83	2.7	54.0	33.5
F-LSD(P=0.05)		1619	2.76	0.8	7.2	3.9
2012						
Non-trellised		7396	24.46	3.5	60.3	40.2
45 cm		7083	24.50	3.5	59.6	39.1
90 cm		4792	23.94	5.0	68.2	45.2
F-LSD(P=0.05)		2356	n.s	1.2	6.2	n.s

NFH=Número de Frutos/Hectare, TFWH=Peso Total de Frutos/Hectare (t/ha), AFW=Peso Médio de Frutos (kg), FC=Circunferência do Fruto (cm), FL=Comprimento do Fruto, e n.s=não significativo.

Quadro 19: Interação entre as alturas das latadas e a frequência de corte na produção de frutos de T. occidentalis

Trellis Height	Cutting Frequency	NFH	TFWH (t/ha)	AFW (kg)	FC (cm)	FL (cm)
2011						
Non-trellised	Uncut	3125	7.75	2.6	55.9	34.8
45 cm	Uncut	3333	6.38	2.3	57.1	33.6
90 cm	Uncut	3750	11.92	3.5	58.9	37.4
Non-trellised	Bi-weekly cutting	0	0.00	0.0	0.0	0.0
45 cm	Bi-weekly cutting	6250	10.00	1.6	45.2	29.8
90 cm	Bi-weekly cutting	6250	11.75	1.9	49.2	29.6
F-LSD(P=0.05)		2290	3.91	1.1	10.2	5.6
2012						
Non-trellised	Uncut	5625	20.62	4.0	61.6	42.5
45 cm	Uncut	7500	30.52	4.2	62.1	42.2
90 cm	Uncut	5000	25.08	5.1	67.3	44.0
Non-trellised	Bi-weekly cutting	9167	28.31	3.1	59.0	38.0
45 cm	Bi-weekly cutting	6667	18.48	2.8	57.0	36.1
90 cm	Bi-weekly cutting	4583	22.79	4.9	69.1	46.5
F-LSD(P=0.05)		3332	10.54	1.7	8.8	9.1

NFH=Número de Frutos/Hectare, TFWH=Peso Total de Frutos/Hectare (t/ha), AFW=Peso Médio de Frutos (kg), FC=Circunferência do Fruto (cm) e FL=Comprimento do Fruto.

TERCEIRA EXPERIÊNCIA

Efeitos da origem e do tamanho do fruto na produção de folhas e frutos de T. occidentalis. Os acessos de Iheaka produziram diâmetros de caule que foram significativamente (P<0,05) mais baixos do que os outros acessos às seis, oito e dez semanas após o transplante (WAT) (Quadro 20). Os acessos de Obukpa produziram a videira mais comprida que foi estatisticamente semelhante; com os acessos de Iheaka e Orba aos quatro WAT; com os acessos de Ibagwa-aka e Iheaka aos seis WAT, mas significativamente (P<0,05) mais alta do que outros acessos aos quatro, seis e oito WAT. Os acessos de Ibagwa-aka foram significativamente (P<0,05) mais elevados em número de folhas/planta do que os acessos de Iheaka e Ozalla aos quatro WAT. Aos oito dias, os acessos de Orba apresentaram o maior número de folhas/planta, significativamente (P<0,05) superior aos outros acessos. Os acessos de Ozalla deram um número significativamente (P<0,05) mais elevado de folhas/comprimento da videira de 40 cm aos quatro e seis WAT.

Os frutos de tamanho grande deram um diâmetro de caule significativamente (P<0,05) maior de 6,31 mm aos quatro DAT, mas foram estatisticamente semelhantes aos seis DAT com os frutos de tamanho médio (Tabela 21). Os frutos de tamanho médio foram significativamente (P<0,05) mais elevados em número de videiras, largura e comprimento do folheto central do que os frutos de tamanho pequeno aos seis DAT. Também deram um diâmetro de caule significativamente (P<0,05) mais alto do que os frutos de tamanho pequeno aos dez dias de idade. Os frutos de tamanho grande produziram um número de folhas/planta estatisticamente semelhante ao dos frutos de tamanho médio aos quatro DAT. Aos seis dias após a colheita, os frutos de tamanho médio apresentaram um número de folhas/planta significativamente (P<0,05) superior aos frutos de outros tamanhos. Os frutos de tamanho pequeno foram significativamente (P<0,05) mais elevados em número de folhas/comprimento da videira de 40 cm do que os outros aos seis e oito dias de idade. Produziram os valores mais baixos para todos os outros parâmetros medidos durante os diferentes períodos, exceto para o número de folhas/planta aos oito dias de maturação.

Os frutos de tamanho médio de Ogbede produziram o maior diâmetro de caule de 7,24 mm, que foi significativamente (P<0,05) mais alto do que os outros acessos (Tabela 22). Os frutos de tamanho grande de Obukpa foram significativamente (P<0,05) mais elevados em número de videiras do que os outros acessos. Também produziu o maior número de folhas/planta que foi significativamente (P<0,05) superior à maioria dos acessos. O maior comprimento de videira, de 169,4 cm, foi obtido a partir de frutos de tamanho médio de Iheaka e foi significativamente (P<0,05) superior a outros acessos, com exceção dos frutos de tamanho grande de Obukpa. Os frutos de tamanho pequeno de Iheaka foram significativamente (P<0,05) inferiores a outros acessos em termos de diâmetro do caule, largura e comprimento do folíolo central.

Tabela 20: Efeito principal da origem do fruto nos parâmetros de crescimento morfológico de T. occidentalis durante catorze semanas após o transplante em 2011

Fruit Source	SD	NOV	LLV	LP	LVL	WCL	LCL
			4 WAT				
Ibagwa-aka	5.97	4.19	99.60	52.00	6.85	6.30	11.97
Iheaka	5.36	3.44	103.30	42.20	6.89	6.07	11.05
Obukpa	5.13	4.52	119.20	48.60	5.89	6.82	11.99
Ogbede	6.39	3.93	86.70	43.80	6.93	6.60	11.38
Orba	5.88	4.26	105.10	49.70	6.48	6.49	12.19
Ozalla	6.05	3.44	87.20	40.90	8.30	6.43	11.62
F-LSD(P=0.05)	0.47	0.88	17.59	8.37	1.12	0.52	0.84
			6 WAT				
Ibagwa-aka	7.83	7.89	154.90	99.90	5.78	6.79	12.33

	SD	NOV	LLV	LP	LVL	WCL	LCL
Iheaka	5.96	6.04	161.60	91.20	6.15	6.17	11.87
Obukpa	7.00	6.67	166.00	83.80	4.85	7.37	12.15
Ogbede	7.27	8.06	127.70	86.20	6.26	6.88	11.97
Orba	7.55	8.70	142.90	94.10	5.33	6.66	12.26
Ozalla	7.48	6.83	112.00	76.20	7.11	6.62	12.24
F-LSD(P=0.05)	0.54	1.05	22.02	12.84	0.60	0.48	n.s
8 WAT							
Ibagwa-aka	9.13	4.17	229.30	214.60	4.44	6.97	12.37
Iheaka	8.09	3.56	197.70	135.60	5.89	6.42	12.03
Obukpa	9.02	4.04	280.00	176.10	4.05	7.67	13.32
Ogbede	9.24	3.83	197.80	164.40	4.94	6.88	11.85
Orba	10.28	4.67	191.10	218.20	4.33	6.62	12.28
Ozalla	10.37	4.72	176.80	142.40	5.00	7.36	12.88
F-LSD(P=0.05)	0.72	0.49	38.87	37.74	0.89	0.78	1.04
10 WAT							
Ibagwa-aka	11.70	5.85					
Iheaka	9.41	4.41					
Obukpa	11.33	4.59					
Ogbede	11.10	4.33					
Orba	12.03	5.11					
Ozalla	11.96	5.63					
F-LSD(P=0.05)	1.32	1.04					
14 WAT							
Ibagwa-aka	12.22						
Iheaka	10.60						
Obukpa	11.62						
Ogbede	11.62						
Orba	11.27						
Ozalla	12.07						
F-LSD(P=0.05)	0.93						

SD=Diâmetro do caule (mm), NOV=Número de videiras, LLV=Comprimento da videira mais longa (cm), LP=Número de folhas/planta, LVL=Número de folhas/comprimento da videira de 40 cm, WCL=Largura do folíolo central (cm), LCL=Comprimento do folíolo central (cm), n.s=não significativo e WAT=Semana após o transplante.

Tabela 21: Efeito principal do tamanho do fruto nos parâmetros de crescimento morfológico de T. occidentalis durante catorze semanas após o transplante em 2011

Fruit Size	SD	NOV	LLV	LP	LVL	WCL	LCL
4 WAT							
Large	6.31	4.00	111.30	51.60	6.91	6.49	11.53
Medium	5.97	4.11	110.50	47.20	6.56	7.06	12.74
Small	5.11	3.78	78.70	39.80	7.20	5.80	10.82
F-LSD(P=0.05)	0.33	n.s	12.44	5.92	n.s	0.36	0.59
6 WAT							
Large	7.64	7.49	159.20	89.00	5.52	6.88	12.43
Medium	7.47	7.75	163.30	102.00	5.52	7.25	12.95

		SD	NOV	LLV	LP	LVL	WCL	LCL
Small		6.44	6.85	110.00	74.70	6.70	6.12	11.03
F-LSD(P=0.05)		0.38	0.74	15.57	9.08	0.42	0.34	0.72
8 WAT								
Large		9.67	4.28	240.90	179.20	4.08	7.20	12.55
Medium		10.19	4.24	226.00	164.00	4.51	7.44	12.96
Small		8.21	3.97	169.50	182.50	5.74	6.32	11.86
F-LSD(P=0.05)		0.51	n.s	27.48	n.s	0.63	0.55	0.74
10 WAT								
Large		11.48	5.33					
Medium		11.69	4.96					
Small		10.59	4.67					
F-LSD(P=0.05)		0.93	n.s					
14 WAT								
Large		11.37						
Medium		12.18						
Small		11.15						
F-LSD(P=0.05)		0.66						

SD=Diâmetro do caule (mm), NOV=Número de videiras, LLV=Comprimento da videira mais longa (cm), LP=Número de folhas/planta, LVL=Número de folhas/comprimento da videira de 40 cm, WCL=Largura do folíolo central (cm), LCL=Comprimento do folíolo central (cm), n.s=não significativo e WAT=Semana após o transplante.

Tabela 22: Interação fonte de frutos x tamanho nos parâmetros de crescimento morfológico de T. occidentalis às quatro semanas após o transplante em 2011

Fruit Source	Fruit Size	SD	NOV	LLV	LP	LVL	WCL	LCL
Ibagwa-aka	Large	6.28	3.22	109.10	49.30	6.67	6.39	11.23
Ibagwa-aka	Medium	6.06	3.89	77.00	44.00	7.67	6.30	12.56
Ibagwa-aka	Small	5.57	5.44	112.80	62.70	6.22	6.22	12.11
Iheaka	Large	6.27	3.22	110.10	46.20	6.89	6.87	12.11
Iheaka	Medium	6.12	4.33	169.40	58.10	6.22	7.78	13.81
Iheaka	Small	3.70	2.78	30.20	22.30	7.56	3.57	7.22
Obukpa	Large	6.01	6.00	140.90	64.70	5.33	6.81	11.78
Obukpa	Medium	4.54	3.78	113.60	40.00	6.33	6.59	12.51
Obukpa	Small	4.82	3.78	103.20	41.10	6.00	7.07	11.67
Ogbede	Large	6.14	4.00	88.00	57.00	7.33	6.22	10.98
Ogbede	Medium	7.24	4.11	92.80	40.70	5.44	7.46	12.49
Ogbede	Small	5.78	3.67	79.30	33.70	8.00	6.11	10.67
Orba	Large	6.81	5.00	123.10	58.10	5.44	6.57	12.08
Orba	Medium	5.60	4.44	103.60	49.90	7.56	6.70	12.19
Orba	Small	5.23	3.33	88.70	41.10	6.44	6.20	12.29
Ozalla	Large	6.34	2.56	96.70	34.30	9.78	6.11	11.00
Ozalla	Medium	6.23	4.11	106.90	50.70	6.11	7.52	12.89
Ozalla	Small	5.58	3.67	58.00	37.80	9.00	5.64	10.98
F-LSD(P=0.05)		0.82	1.52	30.46	14.50	1.95	0.89	1.45

SD=Diâmetro do caule (mm), NOV=Número de videiras, LLV=Comprimento da videira mais longa (cm), LP=Número de folhas/planta, LVL=Número de folhas/comprimento da videira de 40 cm, WCL=Largura do folíolo central (cm), e LCL=Comprimento do folíolo central (cm).

Os frutos de tamanho grande de Orba produziram o maior diâmetro de caule de 8,92 mm, que foi significativamente (P<0,05) mais elevado do que os outros acessos, com exceção dos frutos de tamanho grande de Ibagwa-aka (8,17 mm) e dos frutos de tamanho médio de Ozalla (8,04 mm) (Quadro 23). Os frutos de tamanho médio de Iheaka foram significativamente (P<0,05) mais elevados do que os outros acessos em número de folhas/planta e comprimento da videira mais comprida aos seis DAT. Também foi significativamente (P<0,05) maior no comprimento do folíolo central do que a maioria dos acessos.

O biplot explicou 82,1 % (70,6 % + 11,5 %) da variação total devida à relação entre os acessos e as caraterísticas (AT) dos parâmetros morfológicos medidos aos 6WAT. Os marcadores de cada um dos dezoito acessos são indicados em combinação de maiúsculas e minúsculas, enquanto os parâmetros morfológicos são indicados apenas em maiúsculas. O casco convexo (polígono) é desenhado nos acessos que se encontram mais afastados da origem do biplot nos vários sectores. Existem quatro sectores na figura 1. Os acessos Ih S, Ih M, Og S e Or L estão localizados no vértice do polígono e são referidos como acessos de vértice, indicando que são altamente divergentes entre si no que diz respeito às caraterísticas estudadas e estão entre os acessos mais sensíveis às caraterísticas. São os melhores ou os mais pobres nalgumas ou em todas as caraterísticas avaliadas. LLV, LP, LCL e WCL pertencem ao sector Ih M, enquanto NOV e SD pertencem ao sector em que Or L é o acesso vértice. LVL situou-se no sector em que Ih S é a adesão ao vértice. Nenhum parâmetro pertence ao sector Og S.

O parâmetro médio (representado pelo pequeno círculo na extremidade da seta) tem as coordenadas médias de todos os parâmetros de teste, e o eixo do ambiente médio (AEA) é a linha que passa pelo ambiente médio e pela origem do biplot (Fig. 2). O WCL é o mais representativo dos parâmetros, uma vez que apresenta o menor ângulo com o AEA, enquanto o LVL e o LLV são os menos representativos dos parâmetros estudados. Todos os parâmetros morfológicos estudados foram bastante discriminantes devido ao seu posicionamento dentro do mesmo círculo concêntrico. O pequeno ângulo entre o WCL e o LCL indica uma associação estreita entre eles, o que implica que os dois parâmetros fornecem informações semelhantes.

Frutos de tamanho médio de Ozalla produziram um diâmetro de caule significativamente (P<0,05) mais alto de 11,43 mm do que os outros acessos aos oito DAT (Tabela 24). Os frutos de tamanho pequeno de Ibagwa-aka foram significativamente (P<0,05) superiores aos outros acessos em número de folhas/planta, com exceção dos frutos de tamanho grande de Orba. Os frutos de tamanho médio de Obukpa foram significativamente (P<0,05) mais altos em comprimento de videira do que a maioria dos acessos.

Aos dez DAT, os frutos de tamanho grande de Orba deram o maior diâmetro de caule de 13,69 mm que foi significativamente (P<0,05) maior do que a maioria dos acessos (Tabela 25). Os frutos de tamanho grande da Ozalla deram significativamente (P<0,05) maior número de videiras/planta do que a maioria dos acessos.

Tabela 23: Interação fonte de frutos x tamanho nos parâmetros de crescimento morfológico de T. occidentalis às seis semanas após o transplante em 2011

Fruit Source	Fruit Size	SD	NOV	LLV	LP	LVL	WCL	LCL
Ibagwa-aka	Large	8.17	7.56	148.70	93.00	5.44	6.78	11.78
Ibagwa-aka	Medium	7.73	7.44	158.40	87.90	6.11	6.44	11.87
Ibagwa-aka	Small	7.60	8.67	157.70	118.70	5.78	7.13	13.33
Iheaka	Large	6.74	6.33	195.80	85.80	5.55	6.85	12.62
Iheaka	Medium	7.14	8.33	251.60	160.00	4.78	7.73	15.06
Iheaka	Small	3.98	3.44	37.30	27.80	8.11	3.93	7.95
Obukpa	Large	7.37	7.22	166.90	95.80	3.89	7.38	13.68
Obukpa	Medium	6.56	7.67	165.80	93.70	4.89	7.46	12.67
Obukpa	Small	7.09	5.11	165.40	61.90	5.78	7.28	10.11
Ogbede	Large	6.88	7.28	145.40	90.40	6.11	6.50	11.89
Ogbede	Medium	7.92	9.11	155.60	99.10	5.11	7.75	12.94
Ogbede	Small	7.02	7.78	82.10	69.10	7.56	6.40	11.07
Orba	Large	8.92	9.33	168.30	89.00	5.33	7.13	12.51
Orba	Medium	7.40	8.11	127.30	95.90	5.33	6.52	12.39
Orba	Small	6.32	8.67	133.00	97.40	5.33	6.33	11.89
Ozalla	Large	7.75	7.22	130.10	80.10	6.78	6.62	12.11
Ozalla	Medium	8.04	5.83	121.10	75.30	6.89	7.61	12.78
Ozalla	Small	6.64	7.44	84.70	73.10	7.67	5.61	11.84
F-LSD(P=0.05)		0.94	1.81	38.13	22.24	1.04	0.83	1.75

SD=Diâmetro do caule (mm), NOV=Número de videiras, LLV=Comprimento da videira mais longa (cm), LP=Número de folhas/planta, LVL=Número de folhas/comprimento da videira de 40 cm, WCL=Largura do folíolo central (cm), e LCL=Comprimento do folíolo central (cm).

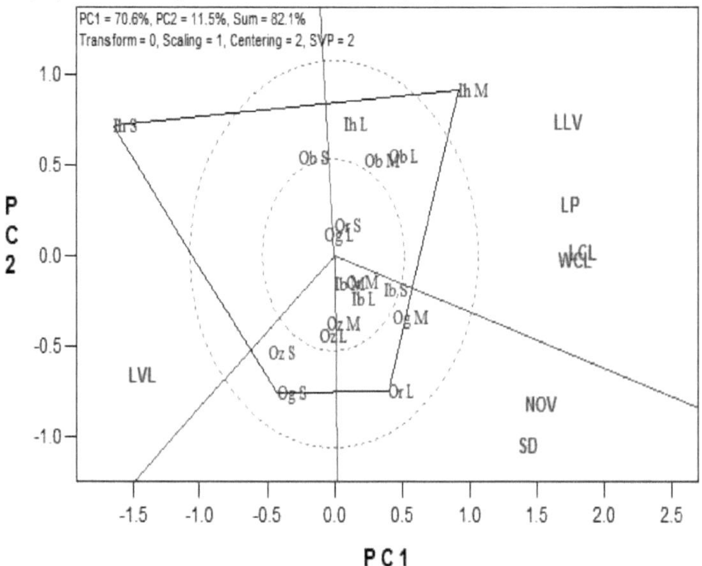

Figura 4: A visão de qual-ganha-onde do biplot GGE para mostrar quais acessos

tiveram melhor desempenho em quais parâmetros morfológicos em 6WAT em 2011

Frutos de tamanho grande de Obukpa=Ob L, frutos de tamanho médio de Obukpa=Ob M, frutos de tamanho pequeno de Obukpa=Ob S, frutos de tamanho grande de Iheaka=Ih L, frutos de tamanho médio de Iheaka=Ih M, frutos de tamanho pequeno de Iheaka=Ih S, Frutos de tamanho grande de Orba=Or L, frutos de tamanho médio de Orba=Or M, frutos de tamanho pequeno de Orba =Or S, Frutos de tamanho grande de Ibagwa-aka=Ib L, frutos de tamanho médio de Ibagwa-aka=Ib M, frutos de tamanho pequeno de Ibagwa-aka=Ib S, Fruto grande de Ogbede=Og L, Fruto médio de Ogbede=Og M, Fruto pequeno de Ogbede=Og S, Fruto grande de Ozalla=Oz L, Fruto médio de Ozalla= Oz M, Fruto pequeno de Ozalla=Oz S SD=Diâmetro do caule (mm), NOV=Número de videiras, LLV=Comprimento da videira mais longa (cm), LP=Número de folhas/planta, LVL=Número de folhas/comprimento da videira de 40 cm, WCL=Largura do folíolo central (cm), e LCL=Comprimento do folíolo central (cm).

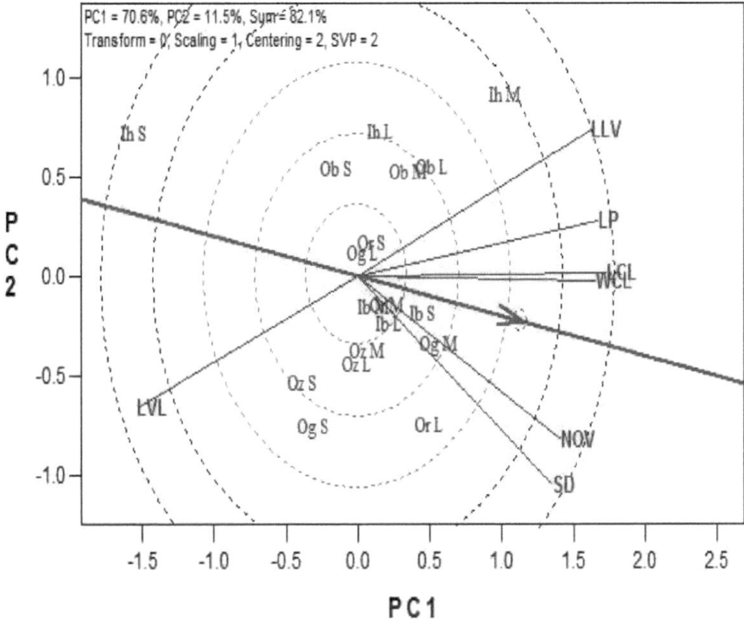

Figura 5: A vista de discriminação e representatividade do biplot GGE para mostrar a capacidade de discriminação e representatividade dos parâmetros morfológicos de teste

Frutos de tamanho grande de Obukpa=Ob L, frutos de tamanho médio de Obukpa=Ob M, frutos de tamanho pequeno de Obukpa=Ob S, frutos de tamanho grande de Iheaka=Ih L, frutos de tamanho médio de Iheaka=Ih M, frutos de tamanho pequeno de Iheaka=Ih S, Frutos de tamanho grande de Orba=Or L, frutos de tamanho médio de Orba=Or M, frutos de tamanho pequeno de Orba =Or S, Frutos de tamanho grande de Ibagwa-aka=Ib L, frutos de tamanho médio de Ibagwa-aka=Ib M, frutos de tamanho pequeno de Ibagwa-aka=Ib S, Fruto grande de Ogbede=Og L, Fruto médio de Ogbede=Og M, Fruto pequeno de Ogbede=Og S, Fruto grande de Ozalla=Oz L, Fruto médio de Ozalla= Oz M, Fruto pequeno de Ozalla=Oz S SD=Diâmetro do caule (mm), NOV=Número de videiras, LLV=Comprimento da videira mais longa (cm), LP=Número de folhas/planta, LVL=Número de folhas/comprimento da videira de 40 cm, WCL=Largura do folíolo central (cm), e LCL=Comprimento do folíolo central (cm).

Tabela 24: Interação fonte de frutos x tamanho nos parâmetros de crescimento morfológico de T. occidentalis às oito semanas após o transplante em 2011

Fruit Source	Fruit Size	SD	NOV	LLV	LP	LVL	WCL	LCL
Ibagwa-aka	Large	9.83	4.50	211.80	171.80	4.50	6.83	12.23
Ibagwa-aka	Medium	9.32	4.00	205.30	161.80	4.83	7.10	12.05
Ibagwa-aka	Small	8.25	4.00	270.80	310.20	4.00	6.97	12.83
Iheaka	Large	9.57	3.83	262.80	168.00	4.33	7.73	13.15
Iheaka	Medium	9.98	3.33	266.00	180.80	4.67	7.50	13.58
Iheaka	Small	4.72	3.50	64.30	58.00	8.67	4.03	9.37
Obukpa	Large	9.10	3.83	277.20	153.00	3.50	7.42	13.43
Obukpa	Medium	9.06	4.78	290.80	159.40	3.89	7.76	13.52
Obukpa	Small	8.90	3.50	272.00	215.80	4.77	7.83	13.00
Ogbede	Large	8.88	5.17	262.30	172.20	4.17	7.08	12.18
Ogbede	Medium	10.17	3.33	223.00	167.80	4.17	7.38	12.30
Ogbede	Small	8.67	3.00	108.20	153.20	6.50	6.17	11.07
Orba	Large	10.42	4.50	235.20	252.20	3.67	6.82	12.43
Orba	Medium	11.18	5.17	162.00	160.20	4.33	7.52	13.92
Orba	Small	9.23	4.33	176.20	242.30	5.00	5.52	10.50
Ozalla	Large	10.20	3.83	195.80	157.80	4.33	7.33	11.85
Ozalla	Medium	11.43	4.83	209.20	154.00	5.17	7.37	12.37
Ozalla	Small	9.47	5.50	125.30	115.50	5.50	7.38	14.42
F-LSD(P=0.05)		1.25	0.84	67.32	65.37	1.53	1.36	1.81

SD=Diâmetro do caule (mm), NOV=Número de videiras, LLV=Comprimento da videira mais longa (cm), LP=Número de folhas/planta, LVL=Número de folhas/comprimento da videira de 40 cm, WCL=Largura do folíolo central (cm), e LCL=Comprimento do folíolo central (cm).

Tabela 25: Interação fonte de frutos x tamanho no diâmetro do caule e número de videiras/planta de T. occidentalis às dez e catorze semanas após o transplante em 2011

Fruit Source	Fruit Size	SD@10WAT	NOV@10WAT	SD@14WAT
Ibagwa-aka	Large	11.71	6.56	12.47
Ibagwa-aka	Medium	12.61	5.22	12.25
Ibagwa-aka	Small	10.79	5.78	11.95
Iheaka	Large	10.53	5.33	11.70
Iheaka	Medium	10.93	4.44	11.38
Iheaka	Small	6.77	3.44	8.72
Obukpa	Large	10.44	4.22	9.77
Obukpa	Medium	11.17	5.22	12.32
Obukpa	Small	12.39	4.33	12.75
Ogbede	Large	11.66	4.00	11.57
Ogbede	Medium	11.29	4.44	12.25
Ogbede	Small	10.34	4.56	11.05
Orba	Large	13.69	5.22	11.95
Orba	Medium	11.01	5.67	10.95
Orba	Small	11.40	4.44	10.90
Ozalla	Large	10.86	6.67	10.75

Ozalla	Medium	13.16	4.78	13.95
Ozalla	Small	11.87	5.44	11.52
F-LSD(P=0.05)		2.29	1.81	1.62

SD=Diâmetro do caule (mm), NOV=Número de videiras, e WAT=Semana após o transplante.

Os acessos de Ozalla produziram o maior diâmetro de caule de 6,06 mm, significativamente (P<0,05) mais elevado do que os outros acessos, com exceção dos acessos de Iheaka (5,67 mm), aos três DAT (Quadro 26). Os acessos de Iheaka foram significativamente (P<0,05) mais altos do que outros acessos no comprimento da videira aos três WAT. Os acessos de Orba deram o número mais baixo de videiras aos três e cinco WAT. Aos sete dias, os acessos de Iheaka foram significativamente (P<0,05) superiores aos outros acessos em número de videiras e folhas/planta. Os acessos de Ogbede deram significativamente (P<0,05) maior número de folhas/planta do que os outros acessos, com exceção dos acessos de Obukpa, aos cinco DAT. Aos nove dias, os acessos Obukpa e Ogbede foram significativamente (P<0,05) superiores aos outros acessos em número de videiras e folhas/planta. Aos sete dias, os acessos de Ogbede foram significativamente (P<0,05) superiores aos acessos de Orba e Iheaka em número de folhas/planta.

Os frutos de tamanho grande foram significativamente (P<0,05) mais altos no comprimento da videira, número de folhas/planta e largura do folíolo central do que os outros tamanhos de frutos aos três DAT (Tabela 27). Foi significativamente (P<0,05) maior do que os frutos de tamanho pequeno no comprimento do folíolo central, número de videiras e diâmetro do caule aos três DAT. Os frutos de tamanho grande e médio foram significativamente (P<0,05) superiores aos frutos de tamanho pequeno no comprimento da videira e no diâmetro do caule aos cinco DAT. Não houve diferença significativa (P<0,05) entre os frutos de tamanho grande e pequeno no número de videiras produzidas aos cinco e sete dias de tratamento. Aos nove dias, os frutos de tamanho pequeno produziram o maior número de folhas/planta, número de videiras e comprimento do folíolo central. Os frutos de tamanho médio foram significativamente (P<0,05) superiores aos frutos de tamanho grande no comprimento da videira aos nove DAT.

Frutos de tamanho médio de Ozalla produziram o maior diâmetro de caule de 6,82 mm, que foi significativamente (P<0,05) maior do que a maioria dos acessos (Tabela 28). Os frutos de tamanho médio de Iheaka foram significativamente (P<0,05) mais altos em número de videiras do que a maioria dos acessos em três WAT. Os frutos grandes de Obukpa produziram o maior número de folhas/planta, significativamente (P<0,05) mais elevado do que os outros acessos, com exceção dos frutos grandes e médios de Ibagwa-aka e Ogbede, respetivamente. Os frutos de tamanho grande de Iheaka foram significativamente (P<0,05) maiores em comprimento e largura do folíolo central do que a maioria dos acessos.

Os frutos de tamanho grande de Iheaka produziram o maior diâmetro de caule de 6,82 mm, que foi significativamente (P<0,05) mais alto do que os frutos de tamanho pequeno de Ibagwa-aka e Iheaka aos cinco WAT (Tabela 29). Os frutos de tamanho grande de Obukpa foram significativamente (P<0,05) superiores aos outros acessos em número de folhas/planta, com exceção dos frutos de tamanho médio e pequeno de Ogbede. Também foi significativamente (P<0,05) maior em número de videiras do que a maioria dos acessos. A videira mais longa foi obtida de frutos de tamanho médio de Ogbede. Os frutos de tamanho médio de Ibagwa-aka apresentaram o maior comprimento e largura do folíolo central.

Tabela 26: Efeito principal da fonte de frutos nos parâmetros de crescimento morfológico de T. occidentalis durante nove semanas após o transplante em 2012

Fruit Source	SD	NOV	LLV	LP	LVL	WCL	LCL
3 WAT							
Ibagwa-aka	5.26	2.33	41.06	18.67	5.28	3.93	7.56
Iheaka	5.67	2.00	57.83	17.17	4.50	4.65	8.19
Obukpa	5.12	1.94	48.39	18.94	4.67	4.51	8.17
Ogbede	4.99	1.94	41.39	18.28	5.39	4.46	7.59
Orba	5.16	1.61	48.17	16.33	4.83	4.74	8.45
Ozalla	6.06	1.83	40.44	15.72	5.50	4.04	7.82
F-LSD(P=0.05)	0.61	0.55	5.72	2.28	0.56	0.49	0.78
5 WAT							
Ibagwa-aka	5.79	3.06	60.60	30.78	6.39	5.46	10.06
Iheaka	6.22	2.67	58.70	26.72	6.44	5.01	9.13
Obukpa	5.98	3.22	61.80	34.89	5.89	5.06	9.83
Ogbede	5.92	3.11	56.60	37.61	7.28	5.74	10.51
Orba	6.12	2.44	64.90	28.17	6.56	6.21	11.00
Ozalla	6.33	2.83	52.80	27.83	6.67	5.46	10.08
F-LSD(P=0.05)	n.s	0.54	n.s	5.63	1.16	0.82	1.29
7 WAT							
Ibagwa-aka	6.72	4.11	86.70	44.60	5.11	6.07	10.84
Iheaka	7.47	3.11	76.10	31.00	5.50	5.41	10.46
Obukpa	6.67	3.94	87.70	46.30	5.22	6.12	11.37
Ogbede	7.35	4.17	71.30	49.60	5.83	6.43	11.03
Orba	7.41	3.56	81.10	41.20	5.39	6.20	11.51
Ozalla	6.94	3.83	85.40	42.80	5.11	6.79	12.07
F-LSD(P=0.05)	n.s	0.65	n.s	7.91	n.s	0.83	n.s
9 WAT							
Ibagwa-aka	7.05	3.94	86.00	48.40	5.00	6.35	10.81
Iheaka	7.14	3.22	81.80	38.80	5.28	5.73	10.25
Obukpa	7.07	5.22	96.30	51.40	4.78	6.51	11.66
Ogbede	7.46	4.67	88.20	59.50	5.00	7.20	12.03
Orba	7.46	3.72	83.60	46.10	4.89	6.76	12.33
Ozalla	7.48	4.28	88.40	47.20	4.89	6.57	11.72
F-LSD(P=0.05)	n.s	0.93	n.s	8.66	n.s	0.94	1.52

SD=Diâmetro do caule (mm), NOV=Número de videiras, LLV=Comprimento da videira mais longa (cm),

LP=Número de folhas/planta, LVL=Número de folhas/comprimento da videira de 40 cm, WCL=Largura do folíolo central (cm), LCL=Comprimento do folíolo central (cm), n.s=não significativo e WAT=Semana após o transplante.

Tabela 27: Efeito principal do tamanho do fruto nos parâmetros de crescimento morfológico de T. occidentalis durante nove semanas após o transplante em 2012

Fruit Size	SD	NOV	LLV	LP	LVL	WCL	LCL
				3 WAT			
Large	5.63	2.17	53.97	19.78	4.83	4.74	8.43
Medium	5.71	1.89	45.67	17.56	5.08	4.38	7.94
Small	4.78	1.78	39.00	15.22	5.17	4.05	7.52
F-LSD(P=0.05)	0.43	0.39	4.04	1.61	n.s	0.34	0.55
				5 WAT			
Large	6.34	3.03	63.10	31.58	6.47	5.53	10.03
Medium	6.27	2.64	62.40	30.56	6.31	5.74	10.31
Small	5.57	3.00	52.20	30.86	6.83	5.20	9.96
F-LSD(P=0.05)	0.57	0.38	9.49	n.s	n.s	n.s	n.s
				7 WAT			
Large	7.03	3.81	80.50	43.20	5.36	6.18	11.19
Medium	7.31	3.53	85.40	41.30	5.25	6.25	11.23
Small	6.94	4.03	78.30	43.20	5.47	6.08	11.21
F-LSD(P=0.05)	n.s	0.46	n.s	n.s	n.s	n.s	n.s
				9 WAT			
Large	7.24	4.36	80.10	46.60	5.31	6.27	11.02
Medium	7.51	3.78	94.10	47.40	4.83	6.72	11.37
Small	7.09	4.39	87.90	51.70	4.78	6.57	12.01
F-LSD(P=0.05)	n.s	n.s	12.32	n.s	n.s	n.s	n.s

SD=Diâmetro do caule (mm), NOV=Número de videiras, LLV=Comprimento da videira mais longa (cm), LP=Número de folhas/planta, LVL=Número de folhas/comprimento da videira de 40 cm, WCL=Largura do folíolo central (cm), LCL=Comprimento do folíolo central (cm), n.s=não significativo e WAT=Semana após o transplante.

Tabela 28: Fonte de frutos x tamanho na interação parâmetros de crescimento morfológico de T. occidentalis às três semanas após o transplante em 2012

Fruit Source	Fruit Size	SD	NOV	LLV	LP	LVL	WCL	LCL
Ibagwa-aka	Large	5.80	2.83	59.00	24.33	4.50	4.10	7.45
Ibagwa-aka	Medium	5.42	1.67	34.17	14.33	5.67	4.00	7.43
Ibagwa-aka	Small	4.55	2.50	30.00	17.33	5.67	3.70	7.80
Iheaka	Large	6.20	1.33	72.50	14.50	3.67	5.62	9.45
Iheaka	Medium	6.22	3.00	57.67	23.00	4.67	4.65	8.58
Iheaka	Small	4.58	1.67	43.33	14.00	5.17	3.68	6.55
Obukpa	Large	4.95	2.83	53.67	27.00	4.83	4.45	8.57
Obukpa	Medium	4.68	1.33	38.33	14.17	5.00	4.08	7.48
Obukpa	Small	5.73	1.67	53.17	15.67	4.17	4.98	8.45
Ogbede	Large	5.23	1.33	43.00	14.17	5.17	4.57	7.73
Ogbede	Medium	5.62	2.67	43.83	23.83	5.33	4.62	7.95
Ogbede	Small	4.13	1.83	37.33	16.83	5.67	4.20	7.10

Orba	Large	5.40	1.83	55.50	18.00	4.67	5.15	8.57
Orba	Medium	5.53	1.50	55.83	16.50	4.50	4.97	8.97
Orba	Small	4.55	1.50	33.17	14.50	5.33	4.10	7.82
Ozalla	Large	6.22	2.83	40.17	20.67	6.17	4.58	8.82
Ozalla	Medium	6.82	1.17	44.17	13.50	5.33	3.93	7.25
Ozalla	Small	5.15	1.50	37.00	13.00	5.00	3.62	7.40
F-LSD(P=0.05)		1.06	0.95	9.90	3.94	0.97	0.84	1.35

SD=Diâmetro do caule (mm), NOV=Número de videiras, LLV=Comprimento da videira mais longa (cm), LP=Número de folhas/planta, LVL=Número de folhas/comprimento da videira de 40cm, WCL=Largura do folíolo central (cm), e LCL=Comprimento do folíolo central (cm).

Tabela 29: Interação fonte de frutos x tamanho nos parâmetros de crescimento morfológico de T. occidentalis às cinco semanas após o transplante em 2012

Fruit Source	Fruit Size	SD	NOV	LLV	LP	LVL	WCL	LCL
Ibagwa-aka	Large	6.40	3.33	66.30	34.17	6.00	4.85	9.42
Ibagwa-aka	Medium	6.02	2.50	64.00	24.67	5.33	6.90	11.62
Ibagwa-aka	Small	4.97	3.33	51.30	33.50	7.83	4.63	9.13
Iheaka	Large	6.82	2.17	55.80	17.83	5.67	5.63	10.70
Iheaka	Medium	6.45	3.33	77.20	39.83	6.50	5.45	9.35
Iheaka	Small	5.40	2.50	43.00	22.50	7.17	3.93	7.33
Obukpa	Large	6.23	4.17	76.70	50.17	6.17	4.73	8.65
Obukpa	Medium	5.73	2.33	43.30	22.67	6.67	4.92	10.00
Obukpa	Small	5.98	3.17	65.50	31.83	4.83	5.53	10.83
Ogbede	Large	5.57	2.67	42.80	25.17	7.83	6.17	10.73
Ogbede	Medium	6.13	3.00	79.80	46.33	6.50	5.85	10.47
Ogbede	Small	6.05	3.67	47.00	41.33	7.50	5.22	10.32
Orba	Large	6.27	2.67	78.00	28.83	6.50	6.45	10.30
Orba	Medium	6.52	2.33	67.20	27.17	6.33	6.43	11.40
Orba	Small	5.57	2.33	49.50	28.50	6.83	5.75	11.30
Ozalla	Large	6.75	3.17	58.70	33.33	6.67	5.35	10.37
Ozalla	Medium	6.80	2.33	42.80	22.67	6.50	4.88	9.00
Ozalla	Small	5.43	3.00	56.80	27.50	6.83	6.13	10.87
F-LSD(P=0.05)		1.39	0.93	23.24	9.75	2.00	1.42	2.24

SD=Diâmetro do caule (mm), NOV=Número de videiras, LLV=Comprimento da videira mais longa (cm), LP=Número de folhas/planta, LVL=Número de folhas/comprimento da videira de 40cm, WCL=Largura do folíolo central (cm), e LCL=Comprimento do folíolo central (cm).

Os frutos de tamanho médio de Iheaka produziram o maior diâmetro de caule de 7,98 mm, que foi significativamente (P<0,05) mais alto do que os frutos de tamanho grande de Obukpa em sete WAT (Tabela 30). Os frutos de tamanho pequeno de Ibagwa-aka foram significativamente (P<0,05) superiores aos outros acessos em número de videiras, com exceção dos frutos de tamanho grande e pequeno de Obukpa e dos frutos de tamanho médio e pequeno de Ogbede. Os frutos grandes de Obukpa foram significativamente (P<0,05) mais altos em número de folhas/planta do que a maioria dos acessos.

Os frutos de tamanho médio de Ozalla produziram o maior diâmetro de caule de 8,18 mm, que foi significativamente (P<0,05) maior do que os frutos de tamanho grande de Ibagwa-aka, frutos de tamanho pequeno de Iheaka e Ozalla aos nove WAT (Tabela 31). Os frutos de tamanho grande de Obukpa deram o maior número de videiras que foram significativamente (P<0,05) superiores à maioria dos acessos. Os frutos pequenos de Ogbede foram significativamente (P<0,05) mais elevados em número de folhas/planta do que a maioria dos acessos.

Os acessos de Ozalla apresentaram o menor número de dias, 140,3, para a primeira antese feminina, o que não foi significativamente (P<0,05) diferente dos outros acessos (Tabela 32). Frutos de tamanho pequeno deram o menor número de dias de 142,8 para a primeira antese feminina, que foi estatisticamente semelhante a outros tamanhos de frutos. Frutos de tamanho médio de Obukpa deram o maior número de dias de 157 para a primeira antese feminina, que foi significativamente (P<0,05) maior do que frutos de tamanho médio de Ibagwa-aka (135) e frutos de tamanho pequeno de Obukpa (125,7). Os acessos de Iheaka deram o menor número de dias de 121,8 para a primeira antese masculina, o que não foi significativamente (P<0,05) diferente dos outros acessos. Frutos de tamanho pequeno deram o número mais curto de dias de 124,7 para a primeira antese masculina, que foi estatisticamente semelhante a outros tamanhos de frutos. Frutos de tamanho grande de Ibagwa-aka deram o maior número de dias de 146 para a primeira antese masculina, que foi significativamente (P<0,05) maior do que frutos de tamanho médio de Ibagwa-aka (113,7), frutos de tamanho pequeno de Obukpa (107,3) e frutos de tamanho grande de Iheaka (119) e Ozalla (113,7).

Tabela 30: Interação fonte de frutos x tamanho nos parâmetros de crescimento morfológico de T. occidentalis às sete semanas após o transplante em 2012

Fruit Source	Fruit Size	SD	NOV	LLV	LP	LVL	WCL	LCL
Ibagwa-aka	Large	6.63	3.50	95.30	45.00	5.50	4.70	9.33
Ibagwa-aka	Medium	7.10	3.83	86.70	41.50	4.67	7.12	11.85
Ibagwa-aka	Small	6.42	5.00	78.20	47.30	5.17	6.40	11.35
Iheaka	Large	7.95	3.33	65.50	25.30	4.67	6.57	12.40
Iheaka	Medium	7.98	3.50	90.70	42.00	5.17	4.97	9.80
Iheaka	Small	6.48	2.50	72.00	25.80	6.67	4.70	9.17
Obukpa	Large	6.32	4.33	83.70	58.80	5.17	5.55	9.80
Obukpa	Medium	6.78	3.17	89.70	33.30	5.33	6.53	12.60
Obukpa	Small	6.92	4.33	89.80	46.70	5.17	6.28	11.70
Ogbede	Large	6.90	3.83	70.00	41.30	6.17	6.98	10.83
Ogbede	Medium	7.35	4.50	79.30	55.80	5.50	6.42	11.33
Ogbede	Small	7.80	4.17	64.70	51.50	5.83	5.88	10.92
Orba	Large	7.13	3.33	84.00	39.70	5.33	6.27	11.58
Orba	Medium	7.70	2.67	79.70	36.50	5.83	6.08	10.85
Orba	Small	7.40	4.67	79.70	47.30	5.00	6.25	12.08
Ozalla	Large	7.23	4.50	84.50	49.30	5.33	7.02	13.20
Ozalla	Medium	6.97	3.50	86.50	38.80	5.00	6.37	10.97

Ozalla	Medium	6.97	3.50	86.50	38.80	5.00	6.37	10.97
Ozalla	Small	6.62	3.50	85.30	40.30	5.00	6.98	12.05
F-LSD(P=0.05)		1.59	1.13	n.s	13.70	1.76	1.44	2.95

SD=Diâmetro do caule (mm), NOV=Número de videiras, LLV=Comprimento da videira mais longa (cm), LP=Número de folhas/planta, LVL=Número de folhas/comprimento da videira de 40 cm, WCL=Largura do folíolo central (cm), LCL=Comprimento do folíolo central (cm), e n.s=não significativo.

Tabela 31: Interação fonte de frutos x tamanho nos parâmetros de crescimento morfológico de T. occidentalis às nove semanas após o transplante em 2012

Fruit Source	Fruit Size	SD	NOV	LLV	LP	LVL	WCL	LCL
Ibagwa-aka	Large	6.75	2.67	61.80	40.30	6.00	5.35	8.78
Ibagwa-aka	Medium	7.45	3.50	108.50	44.20	4.33	7.62	12.27
Ibagwa-aka	Small	6.95	5.67	87.70	60.70	4.67	6.08	11.38
Iheaka	Large	7.32	3.50	79.00	33.70	5.00	6.00	10.38
Iheaka	Medium	7.87	3.00	94.30	44.80	5.33	5.78	10.50
Iheaka	Small	6.25	3.17	72.00	37.80	5.50	5.42	9.87
Obukpa	Large	7.00	6.33	82.30	54.70	5.50	5.12	9.67
Obukpa	Medium	7.15	4.33	84.50	45.20	4.83	7.03	11.92
Obukpa	Small	7.05	5.00	122.00	54.50	4.00	7.38	13.40
Ogbede	Large	7.18	4.33	80.30	47.30	5.17	7.38	11.92
Ogbede	Medium	7.27	5.00	106.70	64.00	5.00	6.97	11.65
Ogbede	Small	7.93	4.67	77.70	67.20	4.83	7.25	12.52
Orba	Large	7.73	3.83	83.70	46.80	4.83	7.47	13.40
Orba	Medium	7.12	3.00	85.30	40.00	4.67	6.63	11.50
Orba	Small	7.53	4.33	81.70	51.30	5.17	6.17	12.08
Ozalla	Large	7.45	5.50	93.20	56.70	5.33	6.32	11.97
Ozalla	Medium	8.18	3.83	85.50	46.00	4.83	6.27	10.40
Ozalla	Small	6.82	3.50	86.70	38.80	4.50	7.13	12.80
F-LSD(P=0.05)		1.29	1.62	30.17	15.00	1.34	1.63	2.63

SD=Diâmetro do caule (mm), NOV=Número de videiras, LLV=Comprimento da videira mais longa (cm), LP=Número de folhas/planta, LVL=Número de folhas/comprimento da videira de 40 cm, WCL=Largura do folíolo central (cm), e LCL=Comprimento do folíolo central (cm).

Tabela 32: Efeito da origem e do tamanho do fruto no número de dias até à primeira antese

	Fruit source						
Fruit Size	Ibagwa-aka	Iheaka	Obukpa	Ogbede	Orba	Ozalla	Mean
			Female				
Large	147.0	151.7	140.7	141.0	148.7	139.7	144.8
Medium	135.0	142.0	157.0	145.0	156.0	136.0	145.2
Small	153.3	144.0	125.7	146.0	142.7	145.3	142.8
Mean	145.1	145.9	141.1	144.0	149.1	140.3	
			Male				
Large	146.0	119.0	131.0	137.3	127.3	113.7	129.1
Medium	113.7	126.3	142.0	126.3	123.0	120.3	125.3
Small	129.3	120.0	107.3	127.0	124.0	140.7	124.7

| **Mean** | 129.7 | 121.8 | 126.8 | 130.2 | 124.8 | 124.9 |

F-LSD (P=0.05) for Fruit size female   (FS)   = non-significant
F-LSD (P=0.05) for Fruit Source female (FS)   = non-significant
F-LSD (P=0.05) for female FS X FS   = 21.32
F-LSD (P=0.05) for Fruit size male   (FS)   = non-significant
F-LSD (P=0.05) for Fruit Source male   (FS)   = non-significant
F-LSD (P=0.05) for male FS X FS   = 26.02

Aos oito WAT, os acessos de Obukpa deram um rendimento foliar significativamente (P<0,05) mais elevado de 4,24 t/ha do que os outros acessos, com exceção dos acessos de Ibagwa-aka, com um rendimento foliar de 4,02 t/ha em 2011 (Quadro 33). Os acessos de Ibagwa-aka foram significativamente (P<0,05) mais elevados do que os acessos de Iheaka, Ogbede e Orba aos dez WAT. Também foi significativamente (P<0,05) superior a outros acessos no rendimento total de folhas/hectare, com exceção dos acessos de Obukpa. Os acessos Ogbede deram o maior rendimento foliar aos três e nove WAT em 2012. Os acessos Obukpa foram significativamente (p<0,05) mais elevados do que os acessos Ibagwa-aka e Ozalla aos cinco WAT e os acessos Ibagwa-aka e Iheaka aos sete WAT. Os acessos Ogbede foram significativamente (p<0,05) mais elevados no rendimento foliar total do que os outros acessos, com exceção dos acessos Obukpa.

Os frutos de tamanho grande e médio foram significativamente (P<0,05) superiores aos frutos de tamanho pequeno aos oito dias de maturação em 2011 (Tabela 34). Os frutos de tamanho médio proporcionaram a maior produção de folhas aos dez, doze e catorze dias de maturação, que foi significativamente (P<0,05) superior à dos frutos de tamanho pequeno aos dez dias de maturação. Frutos de tamanho médio e frutos de tamanho grande foram significativamente (P<0,05) superiores aos frutos de tamanho pequeno na produção total de folhas/hectare. Em 2012, os frutos de tamanho pequeno foram significativamente (P<0,05) mais baixos do que os frutos de tamanho grande e médio aos três e cinco DAT e na produção total de folhas/hectare. Não houve diferença significativa (P=0,05) entre os frutos de tamanho grande e médio aos três, cinco, sete WAT e para a produção total de folhas/hectare.

No Quadro 35, os frutos de tamanho pequeno de Ibagwa-aka deram o rendimento foliar total/hectare mais elevado de 13,18 t/ha, significativamente (P<0,05) mais elevado do que outros acessos, com exceção dos frutos de tamanho médio de Ibagwa-aka e Ozalla, e dos frutos de tamanho pequeno de Obukpa.

Os frutos pequenos de Obukpa foram significativamente (P<0,05) mais elevados na produção total de folhas/hectare do que os outros acessos, com exceção dos frutos pequenos de Ogbede, frutos médios de Iheaka, Ogbede e Orba, frutos grandes de Obukpa, Ogbede, Orba e Ozalla (Quadro 36).

Tabela 33: Efeito principal da origem do fruto no rendimento foliar colhível (t/ha) de

T. occidentalis

Fruit Source	2011					
	8 WAT	10 WAT	12 WAT	14 WAT	16 WAT	TOTAL
Ibagwa-aka	4.02	2.89	2.61	0.42	0.95	10.90
Iheaka	3.01	1.25	1.38	0.29	0.56	6.48
Obukpa	4.24	2.80	1.88	0.30	0.64	9.84
Ogbede	2.64	2.03	1.87	0.29	0.46	7.29
Orba	2.87	1.68	1.76	0.47	0.50	7.28
Ozalla	2.62	2.66	2.08	0.43	0.70	8.48
F-LSD(P=0.05)	0.75	0.83	0.58	0.18	0.26	1.63
	2012					
	3 WAT	5 WAT	7 WAT	9 WAT		TOTAL
Ibagwa-aka	0.20	0.26	0.43	0.68		1.57
Iheaka	0.25	0.32	0.39	0.45		1.40
Obukpa	0.21	0.44	0.64	0.92		2.21
Ogbede	0.28	0.39	0.62	1.01		2.31
Orba	0.24	0.31	0.52	0.84		1.90
Ozalla	0.17	0.30	0.53	0.87		1.87
F-LSD(P=0.05)	0.09	0.13	0.16	0.18		0.39

WAT= semanas após a transplantação

Tabela 34: Efeito principal do tamanho do fruto no rendimento foliar colhível (t/ha) de T. occidentalis

Fruit Size	2011					
	8 WAT	10 WAT	12 WAT	14 WAT	16 WAT	TOTAL
Large	3.68	2.24	1.88	0.33	0.55	8.69
Medium	3.46	2.51	2.05	0.40	0.57	8.99
Small	2.56	1.90	1.85	0.36	0.78	7.45
F-LSD(P=0.05)	0.53	0.59	n.s	n.s	0.18	1.15
	2012					
	3 WAT	5 WAT	7 WAT	9 WAT		TOTAL
Large	0.28	0.39	0.53	0.76		1.96
Medium	0.27	0.36	0.58	0.80		2.00
Small	0.13	0.26	0.45	0.83		1.67
F-LSD(P=0.05)	0.06	0.09	0.11	n.s		0.28

n.s=não significativo e WAT=Semana após o transplante.

Tabela 35: Interação fonte de frutos x tamanho no rendimento foliar colhível (t/ha) de T. occidentalis em 2011

Fruit Source	Fruit Size	8 WAT	10 WAT	12 WAT	14 WAT	16 WAT	TOTAL
Ibagwa-aka	Large	2.78	2.94	2.19	0.21	0.81	8.91
Ibagwa-aka	Medium	3.96	3.27	2.19	0.54	0.64	10.60
Ibagwa-aka	Small	5.32	2.47	3.46	0.52	1.41	13.18
Iheaka	Large	3.59	1.41	1.87	0.27	0.60	7.73
Iheaka	Medium	4.96	1.91	1.26	0.22	0.57	8.91
Iheaka	Small	0.48	0.42	1.00	0.38	0.51	2.80

Obukpa	Large	5.51	2.07	1.49	0.23	0.39	9.70
Obukpa	Medium	2.76	2.50	1.75	0.33	0.33	7.67
Obukpa	Small	4.44	3.81	2.39	0.34	1.19	12.16
Ogbede	Large	2.93	2.20	1.50	0.24	0.28	7.15
Ogbede	Medium	3.32	2.68	2.89	0.37	0.58	9.84
Ogbede	Small	1.66	1.23	1.22	0.24	0.52	4.87
Orba	Large	4.64	1.88	2.46	0.64	0.64	10.25
Orba	Medium	1.96	1.77	1.72	0.31	0.47	6.23
Orba	Small	2.01	1.39	1.10	0.48	0.38	5.35
Ozalla	Large	2.63	2.96	1.79	0.41	0.62	8.41
Ozalla	Medium	3.78	2.96	2.50	0.64	0.83	10.71
Ozalla	Small	1.44	2.07	1.95	0.23	0.65	6.34
F-LSD(P=0.05)		1.31	1.44	1.00	0.31	0.46	2.83

WAT=Semana após o transplante.

Tabela 36: Interação fonte de frutos x tamanho no rendimento foliar colhível (t/ha) de T. occidentalis em 2012

Fruit Source	Fruit Size	3 WAT	5 WAT	7 WAT	9 WAT	TOTAL
Ibagwa-aka	Large	0.25	0.29	0.32	0.31	1.16
Ibagwa-aka	Medium	0.17	0.24	0.46	0.81	1.69
Ibagwa-aka	Small	0.19	0.24	0.51	0.92	1.86
Iheaka	Large	0.36	0.33	0.43	0.50	1.62
Iheaka	Medium	0.34	0.54	0.57	0.56	2.00
Iheaka	Small	0.03	0.09	0.17	0.30	0.59
Obukpa	Large	0.19	0.51	0.68	0.81	2.19
Obukpa	Medium	0.20	0.35	0.52	0.72	1.79
Obukpa	Small	0.24	0.46	0.72	1.22	2.64
Ogbede	Large	0.37	0.41	0.60	1.02	2.40
Ogbede	Medium	0.32	0.44	0.79	1.00	2.55
Ogbede	Small	0.16	0.32	0.47	1.02	1.97
Orba	Large	0.28	0.45	0.61	0.98	2.31
Orba	Medium	0.36	0.40	0.60	0.94	2.30
Orba	Small	0.08	0.10	0.34	0.59	1.11
Ozalla	Large	0.21	0.34	0.55	0.96	2.06
Ozalla	Medium	0.21	0.20	0.55	0.74	1.69
Ozalla	Small	0.10	0.35	0.50	0.91	1.86
F-LSD(P=0.05)		0.15	0.22	0.28	0.31	0.68

WAT= semanas após a transplantação

O biplot explicou 92,3 % (75,1 % + 17,2 %) da variação total devida à AT do rendimento. Os marcadores para cada um dos dezoito acessos estão marcados em combinação de maiúsculas e minúsculas, enquanto os diferentes períodos de colheita de folhas foram marcados apenas em maiúsculas. Existem oito sectores na figura 3. Os acessos de vértice incluíam Ih S, Or S, Oz S, Ob S, Og M, Ih M, Ih L e Ib L. A maior parte dos períodos de colheita de folhas situava-se nos sectores em que Ob S e Og M eram acessos de vértice, o que indica que são os que produzem melhor nesses períodos. No entanto, o 3WAT caiu no sector em que Ih M é o acesso de vértice.

Os acessos de Ogbede foram significativamente (P<0,05) mais elevados no rácio de peso fresco do que os outros acessos aos três DAT, com exceção dos acessos de Ozalla (Quadro 37). Aos sete DAT, foi significativamente (P<0,05) mais elevado do que os acessos de Iheaka, Obukpa e Ozalla no rácio de peso fresco. Os acessos de Ogbede foram significativamente (P<0,05) mais elevados no rácio de peso seco aos três e sete DAT do que a maioria dos acessos. Aos nove WAT, os acessos de Ibagwa-aka foram significativamente (P<0,05) mais elevados do que os acessos de Obukpa no rácio de peso seco.

Na Tabela 38, os frutos de tamanho pequeno foram significativamente (P<0,05) maiores do que os frutos de tamanho médio na razão de peso fresco aos sete WAT. Não houve diferença significativa (p=0,05) entre os tamanhos de frutos na razão de peso seco ao longo dos períodos medidos.

Os frutos de tamanho grande de Ozalla foram significativamente (P<0,05) mais elevados do que os outros acessos na relação de peso fresco aos três DAT, com exceção dos frutos de tamanho grande e pequeno de Ogbede (Quadro 39). Também foi significativamente (P<0,05) superior aos frutos de tamanho grande de Obukpa aos cinco DAT. Aos sete e nove meses, os frutos de tamanho grande de Ogbede foram significativamente (P<0,05) mais elevados no rácio de peso fresco do que a maioria dos outros acessos. Os frutos de tamanho grande de Ozalla foram significativamente (P<0,05) mais elevados do que os outros acessos na relação de peso seco aos três WAT, com exceção dos frutos de tamanho grande e pequeno de Ogbede e Orba, respetivamente. Os frutos de tamanho grande de Ogbede foram significativamente (P<0,05) mais elevados na relação de peso seco do que alguns dos acessos aos cinco e sete dias de maturação.

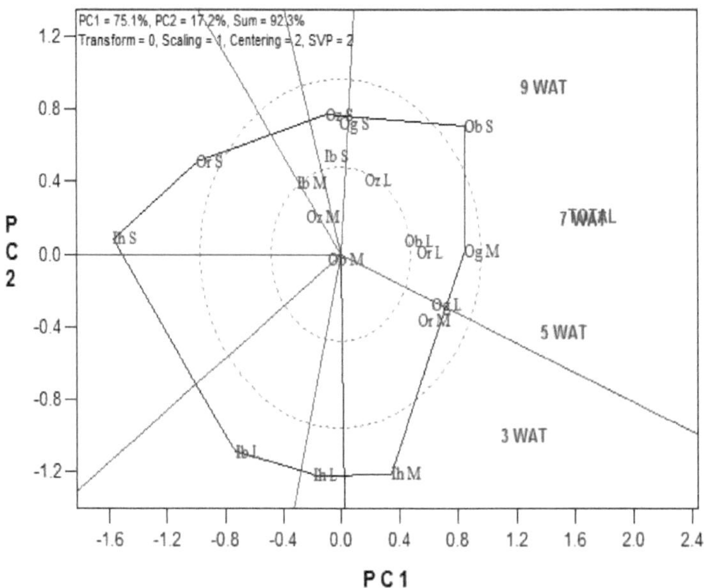

Figura 6: A vista "which-wins-where" do biplot GGE para mostrar quais os acessos

com melhor desempenho em que períodos de colheita de folhas em 2012

Frutos de tamanho grande de Obukpa=Ob L, frutos de tamanho médio de Obukpa=Ob M, frutos de tamanho pequeno de Obukpa=Ob S, frutos de tamanho grande de Iheaka=Ih L, frutos de tamanho médio de Iheaka=Ih M, frutos de tamanho pequeno de Iheaka=Ih S, frutos de tamanho grande de Orba=Or L, frutos de tamanho médio de Orba=Or M, frutos de tamanho pequeno de Orba =Or S, frutos de tamanho grande de Ibagwa-aka=Ib L, Frutos de tamanho médio de Ibagwa-aka=Ib M, Frutos de tamanho pequeno de Ibagwa-aka=Ib S, Frutos de tamanho grande de Ogbede=Og L, Frutos de tamanho médio de Ogbede=Og M, Frutos de tamanho pequeno de Ogbede=Og S, Frutos de tamanho grande de Ozalla=Oz L, Frutos de tamanho médio de Ozalla= Oz M, Frutos de tamanho pequeno de Ozalla=Oz S, e WAT=Semanas após a transplantação

Tabela 37: Efeito principal da origem do fruto no rácio folha-caule (kg) de T. occidentalis em 2012

Fruit	Fresh weight				Dry weight			
Source	3WAT	5WAT	7WAT	9WAT	3WAT	5WAT	7WAT	9WAT
Ibagwa-aka	2.29	1.87	1.24	1.24	3.50	2.80	2.10	2.00
Iheaka	2.41	1.76	1.22	1.08	3.84	2.71	2.06	1.79
Obukpa	2.66	1.59	1.05	1.07	3.91	2.66	1.76	1.67
Ogbede	3.38	1.90	1.47	1.24	4.71	2.99	2.48	1.88
Orba	2.82	1.88	1.26	1.17	4.25	2.67	2.26	1.89
Ozalla	3.12	1.80	1.23	1.10	4.56	2.82	2.05	1.73
F-LSD(P=0.05)	0.42	n.s	0.23	n.s	0.75	n.s	0.40	0.31

WAT= Semanas após a transplantação e n.s= não significativo

Tabela 38: Efeito principal do tamanho do fruto no rácio folha-caule (kg) de T. occidentalis em 2012

Fruit	Fresh weight				Dry weight			
Size	3WAT	5WAT	7WAT	9WAT	3WAT	5WAT	7WAT	9WAT
Large	2.91	1.82	1.24	1.20	4.25	2.96	2.10	1.89
Medium	2.70	1.70	1.15	1.07	4.01	2.62	2.01	1.71
Small	2.73	1.87	1.34	1.18	4.13	2.74	2.26	1.88
F-LSD(P=0.05)	n.s	n.s	0.17	n.s	n.s	n.s	n.s	n.s

WAT= Semanas após a transplantação e n.s= não significativo

Tabela 39: Interação fonte de frutos x tamanho na relação folha-haste (kg) de T. occidentalis em 2012

Fruit	Fruit	Fresh weight				Dry weight			
Source	Size	3WAT	5WAT	7WAT	9WAT	3WAT	5WAT	7WAT	9WAT
Ibagwa-aka	Large	2.01	1.74	0.97	1.20	3.11	2.87	1.61	2.15
Ibagwa-aka	Medium	2.44	1.95	1.27	1.23	3.46	2.61	2.37	1.90
Ibagwa-aka	Small	2.42	1.93	1.47	1.29	3.91	2.93	2.32	1.96
Iheaka	Large	2.32	1.80	1.00	0.92	3.55	3.07	1.56	1.41
Iheaka	Medium	2.46	1.53	1.08	1.06	3.96	2.40	1.93	1.71
Iheaka	Small	2.44	1.94	1.59	1.27	4.01	2.66	2.70	2.24
Obukpa	Large	2.45	1.37	1.00	1.00	3.39	2.29	1.68	1.55
Obukpa	Medium	2.94	1.77	1.12	1.16	4.37	3.23	1.80	1.84
Obukpa	Small	2.59	1.63	1.04	1.06	3.97	2.45	1.81	1.63

Ogbede	Large	3.72	1.98	1.70	1.40	5.36	3.33	2.95	2.14
Ogbede	Medium	3.08	1.64	1.31	1.12	4.55	2.60	2.22	1.75
Ogbede	Small	3.34	2.07	1.40	1.18	4.21	3.05	2.28	1.73
Orba	Large	2.95	1.93	1.40	1.37	3.93	2.90	2.53	2.10
Orba	Medium	2.65	1.64	1.02	0.80	3.93	2.49	1.93	1.37
Orba	Small	2.86	2.07	1.35	1.35	4.88	2.61	2.32	2.18
Ozalla	Large	4.03	2.12	1.38	1.31	6.12	3.30	2.24	1.96
Ozalla	Medium	2.61	1.68	1.09	1.08	3.79	2.40	1.80	1.68
Ozalla	Small	2.72	1.59	1.21	0.92	3.77	2.77	2.11	1.56
F-LSD(P=0.05)		0.73	0.70	0.41	0.33	1.29	0.88	0.69	0.54

WAT= Semanas após a transplantação e n.s= não significativo

O biplot explicou 80,5 % (63,8 % + 16,7%) da variação total devida à AT do rácio folhas-caule. Os marcadores para cada um dos dezoito acessos estão etiquetados em combinação de maiúsculas e minúsculas, enquanto os diferentes períodos de comparação foram etiquetados apenas em maiúsculas. Os períodos terminados por "D" indicam a relação de peso seco, enquanto a etiqueta correspondente indica a relação de peso fresco. Na figura 4 há seis sectores ocupados pelos acessos Or M, Ob L, Ib L, Ih L, Og L e Oz L como acessos de vértice.

3WAT, 3WATD e 5WATD pertencem ao sector Oz L, enquanto 5WAT, 7WAT, 7WATD e 9WAT pertencem ao sector Og L. O 9WATD insere-se no sector em que Ih S é a adesão ao vértice. Nenhum dos períodos de comparação se situa nos sectores em que Ib L, Ob L e Or M são os acessos de vértice. Os acessos Og M e Oz M estão localizados dentro do círculo concêntrico de origem do biplot, o que indica uma boa resposta em todos os períodos de comparação.

Os acessos de Ibagwa-aka deram o maior número de frutos/hectare de 3611 e peso total de frutos/hectare de 8,18 t/ha, que foram significativamente (P<0,05) superiores aos acessos de Ogbede e Iheaka em 2011 (Tabela 40). As variedades de Iheaka foram significativamente (P<0,05) inferiores no peso médio dos frutos/hectare. Os acessos de Ibagwa-aka foram significativamente (P<0,05) mais altos no comprimento do fruto do que os outros acessos, com exceção dos acessos de Obukpa. Em 2012, não houve diferença significativa (P<0,05) para o peso médio do fruto, comprimento do fruto e circunferência entre os acessos. Os acessos de Orba produziram o maior peso total de frutos/hectare de 20156 kg, significativamente (P<0,05) superior aos acessos de Iheaka e Obukpa. Os acessos de Orba foram significativamente (P<0,05) mais elevados em número de frutos/hectare do que os acessos de Obukpa.

Os frutos de tamanho médio foram significativamente maiores em número de frutos/hectare, peso total de frutos/hectare, peso médio de frutos e circunferência de frutos do que os frutos de tamanho pequeno em 2011 (Tabela 41). Os frutos de tamanho pequeno foram significativamente (P<0,05) mais baixos em peso total de frutos, circunferência de frutos e comprimento. Os frutos de tamanho grande foram significativamente (P<0,05) maiores para o comprimento do fruto. Em 2012, não houve diferença significativa (P<0,05) para todos os parâmetros medidos nos frutos. Os frutos de tamanho médio deram o maior valor para a circunferência do fruto, número total e peso do fruto/hectare. Os frutos de tamanho grande apresentaram o maior comprimento de fruto.

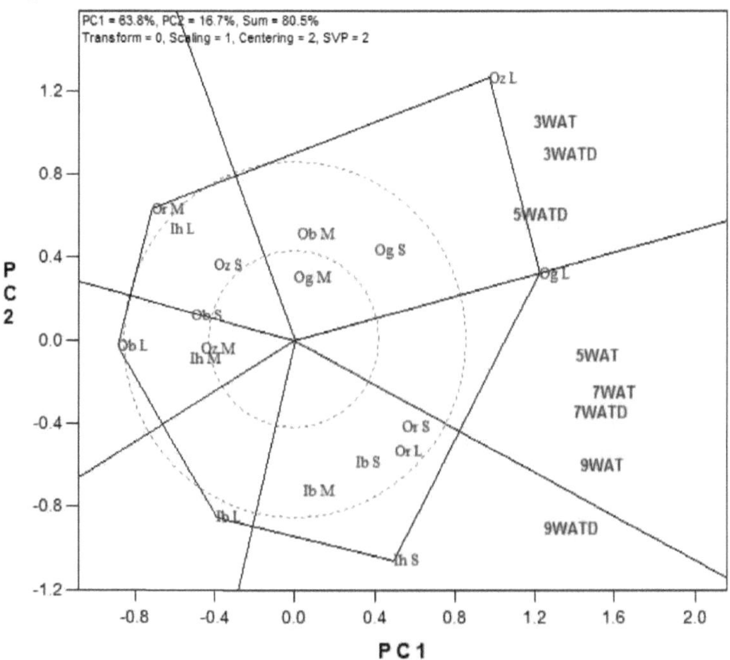

Figura 7: A vista "which-wins-where" do biplot GGE para mostrar quais os acessos com melhor desempenho em que períodos de comparação

Frutos de tamanho grande de Obukpa=Ob L, frutos de tamanho médio de Obukpa=Ob M, frutos de tamanho pequeno de Obukpa=Ob S, frutos de tamanho grande de Iheaka=Ih L, frutos de tamanho médio de Iheaka=Ih M, frutos de tamanho pequeno de Iheaka=Ih S, frutos de tamanho grande de Orba=Or L, frutos de tamanho médio de Orba=Or M, frutos de tamanho pequeno de Orba =Or S, frutos de tamanho grande de Ibagwa-aka=Ib L, Frutos de tamanho médio de Ibagwa-aka=Ib M, Frutos de tamanho pequeno de Ibagwa-aka=Ib S, Frutos de tamanho grande de Ogbede=Og L, Frutos de tamanho médio de Ogbede=Og M, Frutos de tamanho pequeno de Ogbede=Og S, Frutos de tamanho grande de Ozalla=Oz L, frutos de tamanho médio de Ozalla= Oz M, frutos de tamanho pequeno de Ozalla=Oz S, WAT= Semanas após transplante de peso fresco, WATD= Semanas após transplante de peso seco.

Tabela 40: Efeito principal da origem do fruto na produção de frutos de T. occidentalis

Fruit Source	NFH	TFWH (t/ha)	AFW (kg)	FC (cm)	FL (cm)
		2011			
Ibagwa-aka	3611	8.18	1.7	51.4	36.8
Iheaka	1389	2.97	1.5	33.4	23.7

	NFH	TFWH	AFW	FC	FL
Obukpa	3125	7.22	2.5	53.0	33.8
Ogbede	1667	5.26	2.1	37.4	23.2
Orba	2917	5.41	1.8	48.8	31.2
Ozalla	2917	6.47	2.5	52.3	30.8
F-LSD(P=0.05)	1182	2.92	0.9	5.4	3.6
2012					
Ibagwa-aka	6667	16.52	2.6	54.7	32.9
Iheaka	4861	10.40	2.4	53.8	33.0
Obukpa	4167	10.33	2.5	54.5	33.5
Ogbede	7222	20.10	2.8	54.7	32.9
Orba	8056	20.16	2.5	53.9	32.1
Ozalla	5556	13.15	2.7	55.1	32.6
F-LSD(P=0.05)	3260	7.42	n.s	n.s	n.s

NFH=Número de Frutos/Hectare, TFWH=Peso Total de Frutos/Hectare (t/ha), AFW=Peso Médio de Frutos (kg), FC=Circunferência do Fruto (cm), FL=Comprimento do Fruto e n.s=não significativo.

Tabela 41: Efeito principal do tamanho do fruto na produção de frutos de T. occidentalis

Fruit Size	NFH	TFWH (t/ha)	AFW (kg)	FC (cm)	FL (cm)
2011					
Large	2708	6.3	2.1	51.9	35.8
Medium	3160	7.6	2.4	52.3	31.9
Small	1944	3.9	1.5	33.9	22.0
F-LSD(P=0.05)	836	2.1	0.7	3.8	2.5
2012					
Large	5139	12.3	2.4	53.4	33.7
Medium	6667	16.9	2.6	55.2	31.7
Small	6458	16.1	2.6	54.7	33.0
F-LSD(P=0.05)	n.s	n.s	n.s	n.s	n.s

NFH=Número de Frutos/Hectare, TFWH=Peso Total de Frutos/Hectare (t/ha), AFW=Peso Médio de Frutos (kg), FC=Circunferência do Fruto (cm), FL=Comprimento do Fruto e n.s=não significativo.

Os frutos de tamanho grande de Orba foram significativamente (P<0,05) mais elevados em número de frutos/hectare de 6250 do que outros acessos, com exceção dos frutos de tamanho médio e pequeno de Ibagwa-aka e dos frutos de tamanho médio de Obukpa (Quadro 42). Os frutos de tamanho médio de Ibagwa-aka foram significativamente (P<0,05) mais altos do que a maioria dos acessos em peso total de frutos/hectare. Também foi significativamente (P<0,05) mais alto no comprimento do fruto do que outros acessos, com exceção dos frutos grandes de Iheaka e Ibagwa-aka.

Os marcadores para cada um dos dezoito acessos são indicados em combinação de maiúsculas e minúsculas, enquanto os cinco traços foram indicados em maiúsculas apenas para o biplot acesso por traço (AT) para traços de fruto. O biplot explicou 91,1 % (74,2 % + 17,7 %) da variação total devida à AT. Existem cinco sectores na Figura 5, com os acessos Or-L, Ib-M, Og-M, Ib-L, Ih-S e Og-S como vértices.

Nenhum acesso e nenhum traço foram encontrados no sector em que Ih-S e Og-S são os acessos de vértice. Do mesmo modo, nenhuma caraterística foi detectada no sector em que Ib-L é o acesso de vértice. NFH e TFWH caíram no sector em que Or-L e Ib-M são os acessos de vértice. AFW, FC e FL situam-se no sector em que Og-M é o acesso do vértice. Os acessos situados no círculo concêntrico próximo da origem do biplot responderam uniformemente a todas as caraterísticas estudadas.

Os frutos de tamanho médio de Iheaka deram a maior circunferência de fruto e peso médio de fruto, que foram significativamente maiores do que os frutos de tamanho grande de Iheaka (Tabela 43). Os frutos de tamanho pequeno de Ibagwa-aka deram o maior peso total de frutos de 25,60 t/ha, significativamente mais alto do que os frutos de tamanho pequeno de Iheaka e Obukpa, e os frutos de tamanho grande de Ibagwa-aka, Iheaka, Obukpa e Ozalla. Também produziu o maior número de frutos/hectare, significativamente superior aos frutos de tamanho pequeno de Iheaka e aos frutos de tamanho grande de Ibagwa-aka, Obukpa e Ozalla.

O número de videiras mostrou a maior correlação positiva e altamente significativa (r=.85, n=216, P<0.01) com o número de folhas/planta (Tabela 44). Todas as caraterísticas mostraram uma correlação positiva e altamente significativa (P<0,01) entre si, exceto o número de folhas/comprimento da videira de 40 cm. O número de folhas/planta apresentou a maior correlação positiva e significativa (P<0,01) de 0,72 com a produção. O comprimento da videira mais comprida, a largura do folíolo central, o número de videiras, o comprimento do folíolo central e o diâmetro do caule apresentaram uma correlação positiva e significativa (P<0,01) com a produção. O número de folhas/comprimento da videira de 40 cm apresentou uma correlação negativa e altamente significativa (P<0,01) de -0,31 com a produção.

Tabela 42: Interação fonte de frutos x tamanho na produção de frutos de T. occidentalis em 2011

Fruit Source	Fruit Size	NFH	TFWH (t/ha)	AFW (kg)	FC (cm)	FL (cm)
Ibagwa-aka	Large	1250.0	2.00	0.5	52.0	44.0
Ibagwa-aka	Medium	5000.0	13.34	2.8	53.3	35.6
Ibagwa-aka	Small	4583.0	9.21	1.9	48.7	30.8
Iheaka	Large	1250.0	2.63	2.1	48.0	38.0
Iheaka	Medium	2917.0	6.29	2.3	52.3	33.2
Iheaka	Small	0.0	0.0	0.0	0.0	0.0
Obukpa	Large	2083.0	6.85	3.0	58.3	35.2
Obukpa	Medium	4375.0	9.19	2.0	49.1	31.1
Obukpa	Small	2917.0	5.60	2.3	51.4	35.2
Ogbede	Large	2500.0	6.06	2.4	48.5	31.5
Ogbede	Medium	2500.0	9.71	4.0	63.8	37.9
Ogbede	Small	0.0	0.0	0.0	0.0	0.0
Orba	Large	6250.0	12.29	2.2	51.3	34.0

Orba	Medium	1250.0	1.88	1.5	46.0	26.0
Orba	Small	1250.0	2.06	1.7	49.0	33.5
Ozalla	Large	2917.0	7.69	2.6	53.2	32.4
Ozalla	Medium	2917.0	5.42	1.8	49.3	27.7
Ozalla	Small	2917.0	6.31	3.0	54.3	32.3
F-LSD(P=0,05)		2047.7	5.05	1.6	9.3	6.2

NFH=Número de Frutos/Hectare, TFWH=Peso Total de Frutos/Hectare (t/ha), AFW=Peso Médio de Frutos (kg), FC=Circunferência do Fruto (cm), e FL=Comprimento do Fruto.

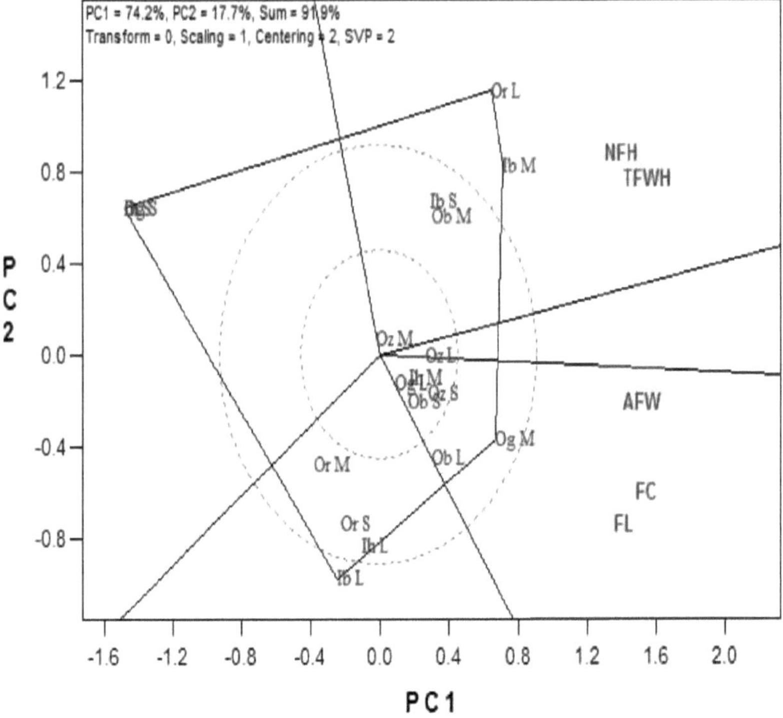

Figura 8: A vista do biplot do GGE para mostrar quais os acessos com melhor desempenho em que parâmetro de fruto

Frutos de tamanho grande de Obukpa=Ob-L, frutos de tamanho médio de Obukpa=Ob-M, frutos de tamanho pequeno de Obukpa=Ob S, frutos de tamanho grande de Iheaka=Ih L, frutos de tamanho médio de Iheaka=Ih M, frutos de tamanho pequeno de Iheaka=Ih S, Frutos de tamanho grande de Orba=Or L, frutos de tamanho médio de Orba=Or M, frutos de tamanho pequeno de Orba =Or S, Frutos de tamanho grande de Ibagwa-aka=Ib L, frutos de tamanho médio de Ibagwa-aka=Ib M, Frutos pequenos de Ibagwa-aka=Ib S, Frutos grandes de Ogbede=Og L, Frutos médios de Ogbede=Og M, Frutos pequenos de Ogbede=Og S, Frutos grandes de Ozalla=Oz L, Frutos médios de Ozalla= Oz M, Frutos pequenos de Ozalla=Oz S, NFH=Número de Frutos/Hectare, TFWH=Peso Total de Frutos/Hectare (t/ha), AFW=Peso Médio de Frutos (kg), FC=Circunferência do Fruto (cm), e FL=Comprimento do Fruto.

Tabela 43; Interação fonte de frutos x tamanho na produção de frutos de T. occidentalis em 2012

Fruit Source	Fruit Size	NFH	TFWH (t/ha)	AFW (kg)	FC (cm)	FL (cm)
Ibagwa-aka	Large	3750.0	7.78	2.16	53.50	32.50
Ibagwa-aka	Medium	6250.0	16.17	2.43	53.91	30.02
Ibagwa-aka	Small	10000.0	25.60	3.10	56.58	36.06
Iheaka	Large	6250.0	10.27	1.61	45.51	30.58
Iheaka	Medium	5417.0	14.67	3.31	60.91	33.69
Iheaka	Small	2917.0	6.25	2.35	54.93	34.67
Obukpa	Large	1667.0	4.30	2.69	55.58	36.00
Obukpa	Medium	6250.0	16.81	2.54	55.56	32.93
Obukpa	Small	4583.0	9.88	2.12	52.22	31.44
Ogbede	Large	6250.0	17.27	2.54	52.89	36.06
Ogbede	Medium	9167.0	25.23	2.70	55.95	30.73
Ogbede	Small	6250.0	17.79	3.04	55.40	31.90
Orba	Large	9167.0	23.05	2.66	53.74	32.42
Orba	Medium	7083.0	14.46	2.07	52.32	30.03
Orba	Small	7917.0	22.96	2.86	55.56	33.98
Ozalla	Large	3750.0	11.08	3.00	59.28	34.83
Ozalla	Medium	5833.0	14.29	2.74	52.58	33.04
Ozalla	Small	7083.0	14.06	2.29	53.56	30.06
F-LSD(P=0.05)		5646.4	12.86	1.34	10.61	n.s

NFH=Número de Frutos/Hectare, TFWH=Peso Total de Frutos/Hectare (t/ha), AFW=Peso Médio de Frutos (kg), FC=Circunferência do Fruto (cm), FL=Comprimento do Fruto e n.s=não significativo.

Tabela 44: Coeficientes de correlação entre os parâmetros morfológicos de crescimento e a produção foliar de T. occidentalis

	NOV	LLV	LVL	LP	LCL	WCL	SD	YID
NOV	-	.52**	-.06	.85**	.51**	.47**	.49**	.64**
LLV		-	-.40**	.69**	.62**	.67**	.61**	.69**
LVL			-	-.09	-.27**	-.29**	-.17**	-.31**
LP				-	.59**	.57**	.59**	.72**
LCL					-	.90**	.59**	.60**
WCL						-	.57**	.65**
SD							-	.53**
YID								-

SD=Diâmetro do caule (mm), NOV=Número de videiras, LLV=Comprimento da videira mais longa (cm), LP=Número de folhas/planta, LVL=Número de folhas/comprimento da videira de 40 cm, WCL=Largura do folíolo central (cm), LCL=Comprimento do folíolo central (cm) YID=Rendimento, **=A correlação é significativa ao nível de 0,01 (bicaudal) e *=A correlação é significativa ao nível de 0,05 (bicaudal).

A largura do folíolo central e o número de folhas/planta tiveram o maior efeito positivo direto de 0,330 e 0,310, respetivamente, na produção foliar (Quadro 45). A largura do folíolo central teve um efeito positivo indireto de 0,112, 0,102, 0,041 e 0,178 através do número de videiras/planta, do comprimento das videiras mais longas, do número de folhas/comprimento da videira de 40 cm e do número de folhas/planta na produção foliar, respetivamente. O número de videiras, o comprimento da videira mais longa, o número de folhas/planta e a largura do folíolo central tiveram efeitos diretos positivos no rendimento foliar, enquanto o número de folhas/comprimento da videira de 40 cm, o comprimento do folíolo central e o diâmetro do caule tiveram efeitos diretos negativos no rendimento foliar. O comprimento do folíolo central e o diâmetro do caule contribuíram negativamente para o rendimento foliar através do seu efeito indireto noutros parâmetros medidos, exceto o número de folhas/comprimento da videira de 40 cm.

O dendrograma agrupou os acessos de abóbora canelada em três grandes grupos com um coeficiente de semelhança de 0,8 (Figura 6). O grupo I é constituído pelos acessos Ib-L, Ob-M, Ih-M, Oz-L, Ih-S e Ob-L. O grupo II é constituído pelos acessos Ib-M, Oz-M, Ob-S, Ih-L, Or-M e Oz-S. Os acessos Ib-S, Og-L, Og-M, Or-L, Og-S e Or-S foram agrupados no grupo III.

As médias dos cachos mostraram que o cacho I teve um desempenho abaixo da média na produção total de folhas colhíveis, no número total e no peso dos frutos/hectare e deu o maior número de dias para a primeira antese masculina, mas teve o maior comprimento e circunferência dos frutos (Quadro 46). O grupo II teve um desempenho acima da média na produção de folhas colhíveis e no número total de frutos, mas ficou abaixo da média em todas as outras caraterísticas medidas. Apresentou o menor número de dias para a primeira antese masculina e feminina. O grupo III teve um desempenho acima da média em todas as caraterísticas medidas. Apresentou as médias mais elevadas para o número de dias até à primeira antese feminina, rendimento total de folhas colhíveis, peso médio dos frutos, número total e peso dos frutos/hectare.

Tabela 45: Efeito direto (Diagonal) e indireto de alguns parâmetros morfológicos de crescimento na produção foliar de T. occidentalis

	NOV	LLV	LVL	LP	LCL	WCL	SD	YID
NOV	**0.238**	0.079	0.008	0.262	-0.057	0.156	-0.018	0.668
LLV	0.125	**0.152**	0.056	0.214	-0.070	0.222	-0.022	0.677
LVL	-0.014	-0.060	**-0.142**	-0.028	0.030	-0.096	0.006	-0.303
LP	0.201	0.105	0.013	**0.310**	-0.066	0.189	-0.021	0.731
LCL	0.121	0.094	0.038	0.182	**-0.112**	0.296	-0.021	0.598
WCL	0.112	0.102	0.041	0.178	-0.101	**0.330**	-0.020	0.642
SD	0.117	0.093	0.025	0.184	-0.066	0.190	**-0.036**	0.507
Residual								0.060

SD=Diâmetro do caule (mm), NOV=Número de videiras, LLV=Comprimento da videira mais comprida (cm), LP=Número de folhas/planta, LVL=Número de folhas/comprimento da videira de 40 cm, WCL=Largura do folíolo central (cm), LCL=Comprimento do folíolo central (cm) e YID=Rendimento foliar.

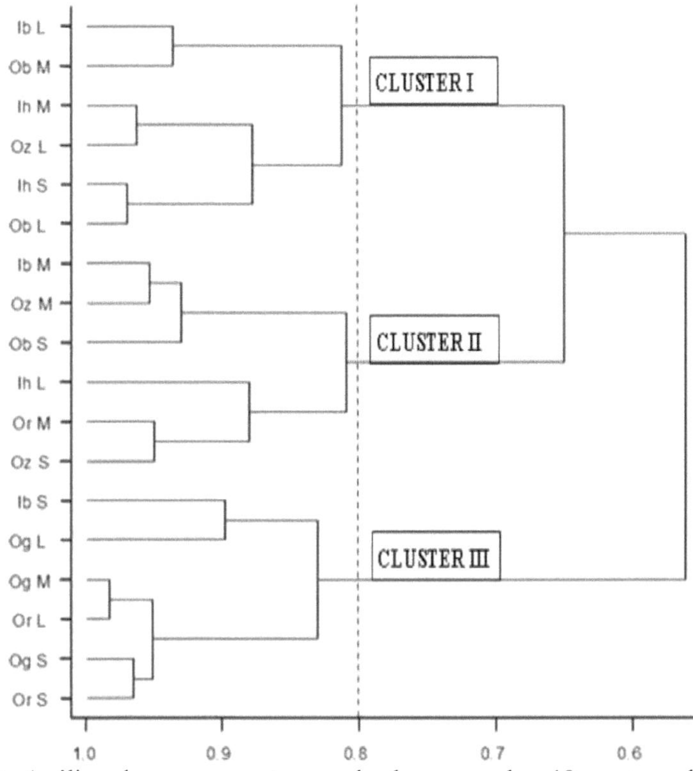

Figura 9: Análise de agrupamento em dendrograma dos 18 acessos de abóbora canelada com base em caraterísticas de rendimento

Tabela 46: Médias de agrupamentos para caraterísticas de floração e rendimento em 18 acessos de abóbora canelada

Traits	Cluster I	Cluster II	Cluster III
Number of days to first female anthesis	145.07	141.62	146.12
Number of days to first male anthesis	129.83	120.67	128.53
Total leaf yield (tons/ha)	1.63	1.97	2.03
Total number of fruits	3958.50	6180.33	8125.17
Total Fruit weight (tons/ha)	10.15	13.19	21.98
Average Fruit Weight (kg)	2.68	2.21	2.82
Fruit Circumference (cm)	56.63	51.68	55.02
Fruit Length(cm)	34.10	30.86	33.53

CAPÍTULO 5

DISCUSSÃO

Caracterização dos frutos e emergência das plântulas

A amplitude do comprimento do fruto (29,67-61,2 cm) e a circunferência do fruto (54,3-92,37 cm) obtidos no presente estudo são semelhantes aos relatórios anteriores de Adeyemo e Odiaka (2004), onde o comprimento e a circunferência do fruto variaram entre 39-69 cm e 63-87 cm, respetivamente, e Akanbi et al. (2007), onde se obteve um comprimento do fruto de 23,7-86,7 cm. O diâmetro da cavidade do fruto de 10,6-16,7 cm é inferior ao valor de 25 cm registado por Epenhuijsen (1974), mas compara-se favoravelmente com os relatórios de Adeyemo e Odiaka (2004). O número total de sementes/frutos, com uma variação de 36129, é semelhante aos resultados de Akanbi et al. (2007), onde foram registadas 28,7-106 sementes.

A alta porcentagem significativa (P<0,05) de sementes não preenchidas obtidas de frutos pequenos está de acordo com as descobertas de Akanbi et al. (2007), onde o comprimento do fruto de 23,7 cm e 35,1 cm deu a maior porcentagem de sementes não preenchidas. Isso pode ser devido à falta de nutrientes, como sugerido por Akanbi et al. (2007), ou à colheita precoce antes da 6th semana após a antese, como relatado por Odiaka e Akoroda (2009). Ogbonna (2008) foi da opinião de que os frutos de tamanho grande têm maior probabilidade de conter mais sementes maduras do que os frutos de tamanho pequeno. O número total de sementes significativamente elevado obtido a partir dos frutos de tamanho grande está de acordo com os resultados de relatórios anteriores (Akanbi et al., 2007; Adeyemo e Odiaka, 2004) em que os frutos mais compridos produziram o maior número total de sementes/fruto. Isto pode dever-se à elevada cavidade do fruto desenvolvida nos frutos de tamanho grande.

A correlação positiva e significativa do número total de sementes/fruto com a circunferência do fruto (r=.58) e com o comprimento do fruto (r=.53) implica que o número total de sementes aumenta com o aumento do tamanho do fruto. A alta correlação positiva e significativa (r=.81) entre a circunferência do fruto e o diâmetro da cavidade do fruto está alinhada com os resultados de Adeyemo e Odiaka (2004), onde foi registado um r de 0.96. O resultado indicou que a circunferência do fruto aumentaria com um aumento do espaço interno (diâmetro da cavidade) do fruto. A correlação altamente significativa e positiva do comprimento do fruto, da circunferência do fruto, do diâmetro da cavidade do fruto e do comprimento da crista com a maioria dos traços (Quadro 7) mostrou que estes podem ser potenciais traços para a caraterização do fruto. Isto foi reforçado pelo resultado da análise de caminho onde a circunferência do fruto, o diâmetro da cavidade do fruto e o comprimento da crista mostraram um efeito direto positivo na emergência das plântulas. A análise de caminho revelou ainda que o número total de sementes no fruto contribuiu com o maior efeito direto na emergência de plântulas, seguido do diâmetro da cavidade do fruto.

O resultado de um maior diâmetro da cavidade do fruto, que aumentou com o tamanho da semente (perímetro e largura da semente) e levou a um maior peso da semente, pode ser devido a uma caraterística genética dos acessos com uma influência ambiental menor, uma vez que foi consistente nos dois anos de estudo. O diâmetro da cavidade do fruto, que mostrou uma correlação positiva e significativa de r=,49 com o número total de sementes/fruto, foi contrário ao relatório de Adeyemo e Odiaka (2004), onde se obteve uma correlação negativa e não significativa de r=-0,03 para os mesmos parâmetros. Esta discrepância pode dever-se à diferença nas dimensões das amostras utilizadas para os estudos.

A significativa (p<0,05) maior emergência de plântulas de 83,2% obtida de frutos de tamanho médio está de acordo com os resultados de PekOen et *al.* (2004), onde cultivares com baixo peso de 100 sementes tiveram maior porcentagem de germinação do que aquelas com maior peso de 100 sementes. Relatórios anteriores de Khare et al. (1995) e Singh et al. (1998) mostraram uma emergência rápida em sementes pequenas e médias de soja e amendoim, respetivamente, quando comparadas com as sementes grandes. Adeyemo e Odiaka (2004) relataram que as sementes de Telfairia da classe de peso médio proporcionaram uma melhor emergência do que as sementes da classe de peso grande. Houve um efeito da origem do fruto nos parâmetros medidos. Este facto está de acordo com o relatório de Aremu e Adewale (2012), em que a origem do fruto foi responsável pela variação no desempenho da Telfairia. Isto pode dever-se à diversidade genética nos acessos, tal como referido por Agbo (2010) em Utazi (Gongronema latifolia Benth.) provenientes da mesma zona.

Efeito da altura da latada e da frequência de corte na produção de folhas e frutos de T. occidentalis

O elevado número de folhas/comprimento da videira de 40 cm nas videiras não cortadas mostrou que estas tinham uma distância entre entrenós mais curta, o que sugere uma taxa lenta de crescimento da videira, em comparação com as videiras cortadas que tinham novos fluxos com uma distância entre entrenós mais longa.

O tratamento com latada melhorou o comprimento da videira em relação ao tratamento sem latada. Em 2011, a altura da treliça de 90 cm foi significativamente (p<0,05) maior no comprimento da videira, enquanto em 2012, foi estatisticamente semelhante à altura da treliça de 45 cm. Nweke et al. (2013) relataram que o número de ramos, o número de folhas, o comprimento da videira e a área foliar foram maiores no pepino (Cucumis sativus L.) estaqueado do que nas plantas não estaqueadas. Sugeriram que as folhas das plantas estaqueadas estavam todas expostas a uma maior interceção da luz, o que levava a uma maior acumulação de fotossintatos para o crescimento vegetativo.

Okoli e Mgbeogu (1983) observaram que a abóbora canelada é cultivada perto de árvores, muros, vedações e estruturas nas quais os rebentos podem trepar. Hilli et al. (2009) referiram que a estacaria proporciona uma melhor oportunidade para a cultura explorar a luz solar através da produção do comprimento máximo da videira, do número de folhas e dos ramos laterais, resultando numa melhor assimilação dos hidratos de carbono. No presente estudo, a altura de 90 cm da espaldeira foi significativamente (p<0,05) mais elevada na maioria dos parâmetros morfológicos medidos em 2011, o que se traduziu num maior rendimento foliar. Este aumento pode ser atribuído a uma maior penetração e melhor utilização da luz solar para a produção do número máximo de folhas, o que resulta num aumento da atividade fotossintética e da assimilação de fotossintatos. Este facto está de acordo com os resultados de Patil et al. (1973) em melão e Hilli et al. (2009) em cabaça de crista (Luffa acutangula L. Roxb).

Embora não tenha havido efeitos significativos da altura da treliça nos dias até a antese (Quadro 15), o resultado mostrou uma melhoria no número de dias até a floração à medida que a altura da treliça aumentou. Schiavinato e Valio (1996) haviam relatado anteriormente uma melhora na floração de P. tetragonolobus estaqueada em relação a plantas não estaqueadas.

Registou-se um aumento da produção total de folhas à medida que a altura da latada aumentou. A altura da treliça de 90 cm foi significativamente (p<0,05) maior na produção total de folhas do que a não treliçada. Hilli et al. (2009) registaram uma diferença significativa no crescimento, frutificação e produção de sementes de cabaça de crista estacada (Luffa acutangula L. Roxb), outro membro da família Cucurbitaceae. Foi relatado que a estaquia melhora o rendimento de culturas como o inhame (Ndegwe et al., 1990), o feijão (Vigna spp) (Akobundu, 1987) e o pepino (Nweke et al., 2013). Ogar e Asiegbu (2005) mostraram que as práticas hortícolas, como a taxa de fertilização e a frequência de corte, tiveram um efeito significativo na produção de folhas e frutos colhíveis da abóbora canelada.

As videiras não cortadas, que produziram valores mais elevados de peso médio dos frutos, circunferência dos frutos, comprimento dos frutos e peso total dos frutos/ha do que as videiras cortadas em ambos os anos, concordam com as conclusões de Ogar e Asiegbu (2005), em que o aumento sucessivo dos intervalos entre colheitas aumentou progressivamente o peso dos frutos/planta. O melhor desempenho das videiras não cortadas deveu-se à disponibilidade de mais folhas fotossinteticamente activas para a translocação de assimilados para o reservatório (fruto) para armazenamento. A perda de rendimento foliar foi compensada pela produção de frutos.

O comprimento do fruto, a circunferência e o peso médio do fruto significativamente mais elevados obtidos com a altura da latada de 90 cm em relação à não latada estão em consonância com as conclusões de Hardy e Rowell (2002) sobre o pepino; Hilli et al. (2009) sobre a cabaça, em que a estacaria melhorou os parâmetros de produção do fruto. Igwilo (1989) e Ndegwe et al. (1990) referiram que a estacaria aumentava a produção de tubérculos de inhame. A precocidade na floração da altura da latada de 90 cm pode ter contribuído para o seu elevado desempenho nos parâmetros de produção de frutos. O resultado está de acordo com a sugestão de Odiaka e Akoroda (2009) de que a altura da floração afecta os parâmetros de produção de frutos na abóbora canelada. Nweke et al. (2013) sugeriram que a estacaria reduziu a sobrelotação e aumentou a exposição ou o posicionamento das folhas de pepino à luz solar para actividades fotossintéticas eficazes. A distribuição da energia solar na comunidade vegetal é afetada pela densidade, altura e capacidade da copa das folhas para transmitir a energia para a fotossíntese (Agricultural Technology, 2010).

Asante (1996) afirmou que, no cultivo de culturas trepadeiras, a utilização de suportes adequados, sob a forma de estacas ou treliças, é muito importante, pois não só expõem as folhas à luz solar para uma fotossíntese óptima, como também mantêm os frutos fora do solo, evitando assim que sejam infectados por agentes patogénicos transmitidos pelo solo.

Efeitos da origem e do tamanho dos frutos na produção de folhas e frutos de T. occidentalis

As diferenças genéticas que existiam entre os 18 acessos provenientes de diferentes locais eram evidentes nos parâmetros de crescimento morfológico medidos. Resultados semelhantes foram relatados por Fayeun et al. (2012) entre trinta e cinco genótipos de abóbora canelada avaliados que mostraram baixo nível de influência ambiental. Odiaka et al. (2008) identificaram o tamanho do fruto, o tamanho da folha e a espessura da videira como qualidades genéticas que poderiam ser utilizadas como caracteres distintivos em T. occidentalis.

Os frutos de tamanho grande foram significativamente mais elevados em número de videiras, comprimento da videira, número de folhas/planta, largura e comprimento do folíolo central na fase vegetativa inicial (três e cinco WAT) do que outros tamanhos de frutos. Isto deveu-se a maiores reservas de alimento na semente que foram fundamentais para o seu estabelecimento e crescimento no campo. Os frutos de tamanho grande apresentaram significativamente (p<0,05) maior peso de 10 sementes (Tabela 5). O resultado está de acordo com o relatório de Adeyemo e Odiaka (2004), onde foram obtidos maiores pesos individuais de sementes em frutos grandes. Além disso, Ugesse et al. (2008) associaram o peso elevado das sementes a um melhor desempenho das plântulas na manteiga de karité (Vitellaria paradoxa Gaertn F.). O tamanho da semente, como caraterística da qualidade da semente, tem sido relatado como influenciador do crescimento e estabelecimento de plântulas em culturas (Nik et al., 2011). Eles sugeriram que sementes maiores produzem plântulas com maior crescimento inicial e maior capacidade competitiva contra ervas daninhas e pragas.

Amico et al. (1994) relataram que o maior vigor que ocorreu em sementes maiores foi devido às grandes reservas de alimentos em tais sementes.

O tamanho da semente desempenha um papel importante na germinação e no estabelecimento de plântulas vigorosas, o que é essencial para alcançar um rendimento elevado (Nik et al., 2011). Os valores mais elevados obtidos a partir de frutos de tamanho pequeno em número de videiras, número de folhas/planta, comprimento da videira, largura e comprimento do folheto central em apenas nove WAT indicaram uma taxa lenta de estabelecimento no campo. Nerson (2002) demonstrou que as sementes pequenas de melão têm o menor crescimento de plântulas, o que demonstra que existe uma associação entre os parâmetros físicos das sementes e a sua qualidade.

O intervalo de dias para a antese, feminina (135-157) e masculina (107,3-146), obtido neste estudo comparou favoravelmente com o resultado de Akoroda e Adejoro (1990), onde as plantas femininas e masculinas levaram cerca de 150 e 129 dias, respetivamente, para florescer, e Odiaka e Akoroda (2009), onde as plantas femininas começaram a florescer de 105 a 141 dias após a sementeira.

A variação na produção de folhas colhíveis dos frutos provenientes de diferentes locais pode ser atribuída às suas diferenças genéticas variáveis. Agbo (2010) mostrou a existência de uma base genética diversa em clones de Utazi (Gongronema latifolia Benth.) obtidos de diferentes localidades no sudeste da Nigéria. Ugesse et al. (2008) mostraram que a origem da semente da manteiga de karité (Vitellaria paradoxa Gaertn F.) teve um efeito significativo na maioria das caraterísticas medidas. Stelling et al. (1994) registaram um efeito diferente da origem da semente no feijão faba (Vida faba L.) e na ervilha seca (Pisum sativum L.) em condições de campo. Tapscott e Cowling (1995) mostraram que a fonte de sementes afectou significativamente o rendimento de grãos de lotes de sementes de Lupinus angustifolius de diferentes fontes na Austrália Ocidental. Fayeun et al. (2012) registaram diferentes estimativas de hereditariedade acompanhadas por um elevado ganho genético esperado no comprimento da videira, peso fresco da folha, peso da videira, número de folhas/planta e rendimento de folhas comercializáveis de abóbora canelada proveniente de diferentes locais.

A diversidade genética em Telfairia mantida pelos agricultores de Nsukka como variedades autóctones pode ser responsável pela procura de frutos de Telfairia pelos agricultores de Makurdi Telfairia; onde o fornecimento de sementes de qualidade tem sido o principal obstáculo à produção (Odiaka et al., 2008). O rendimento significativamente elevado dos acessos Ogbede em 2012 pode ser atribuído ao seu elevado rácio folha-caule, ou seja, tinha mais folhas quando comparado com o peso do caule. O decréscimo da relação folha-caule ao longo da VMA mostrou um aumento do peso do caule à medida que a planta envelhece. À medida que a planta envelhece, acumulam-se mais assimilados na parte da videira do que na fase inicial. O aumento do diâmetro da videira ao longo dos períodos do estudo confirmou o aumento de tamanho com o envelhecimento da planta.

Os frutos de tamanho médio deram o maior rendimento foliar colhível (t/ha), que foi estatisticamente semelhante ao dos frutos de tamanho grande, mas significativamente superior ao dos frutos de tamanho pequeno em ambos os anos. Estudos em trigo mostraram que o tamanho da semente não só influencia a emergência e o estabelecimento, mas também afecta os componentes do rendimento e, em última análise, o rendimento de grãos (Baulbaki e Copeland, 1997; Singh, 2003). Os frutos de tamanho médio apresentaram valores mais elevados em todos os parâmetros medidos, exceto no comprimento do fruto, em que os frutos de tamanho grande foram superiores aos outros tamanhos. Isto pode dever-se aos constituintes genéticos dos tamanhos dos frutos, uma vez que foram consistentes em ambos os anos. O tamanho do fruto foi identificado como um traço potencial para a caraterização de acessos de abóbora canelada (Odiaka et al., 2008). Aremu e Adewale (2012) referiram que a origem dos frutos foi responsável por variações no desempenho da T. occidentalis. Akoroda (1990a) já tinha referido que os agricultores cultivam muitas variedades autóctones que não foram objeto de reprodução sistemática.

Uma correlação significativa e positiva entre dois caracteres sugere que estes caracteres podem ser melhorados simultaneamente num programa de seleção (Hayes et al., 1955). Isto indica relações mútuas entre caracteres e a seleção de um traduzir-se-á na seleção e melhoramento do outro. A correlação (Quadro 54) mostrou que o número de folhas/planta aumentaria com o aumento do número de videiras. O número de folhas/planta teve a maior correlação significativa com a produção. Isto foi reforçado pelo rácio folha-caule calculado, em que havia mais folhas do que caule, em peso. As folhas e o caule são as partes comercializáveis da Telfairia, para além dos frutos. A análise de percurso confirmou que a largura da folha (WCL) teve o maior efeito direto no rendimento foliar. O resultado está de acordo com as conclusões de Aremu e Adewale (2012), que recomendaram a criação de variedades para aumentar o número e a largura da folhagem da abóbora canelada.

As correlações negativas exibidas pelo número de folhas/comprimento da videira de 40 cm com outros parâmetros medidos, incluindo o rendimento, sugerem que esta caraterística reduziria o rendimento. O número de folhas/comprimento da videira de 40 cm aumentaria com a diminuição da distância entre os entrenós e vice-versa. A baixa desejabilidade deste traço foi elaborada pelo resultado da análise do caminho, onde teve um impacto negativo direto e indireto através de outros traços para o rendimento.

A principal razão para a recolha de plantas é a obtenção de variabilidade natural que pode ser útil para fornecer pools de germoplasma para o melhoramento de culturas (Manggoel e Uguru, 2011). A variabilidade intra-populacional avaliada pela análise hierárquica de agrupamentos realizada nos traços quantitativos agrupou os acessos em três grandes grupos, indicando variabilidade suficiente para justificar a seleção.

As médias dos agrupamentos mostraram que o agrupamento I era composto por acessos de abóbora canelada com frutos de tamanho grande que registaram valores baixos em todos os outros caracteres quantitativos de produção avaliados. Os acessos de abóbora canelada do grupo II foram essencialmente de floração precoce e de produção média de folhas. Os acessos de abóbora canelada do grupo III são prolíficos na produção de folhas colhíveis, peso médio dos frutos, número total e peso dos frutos. Estes resultados indicam que as caraterísticas reprodutivas e de rendimento avaliadas contribuíram significativamente para a diversidade da abóbora canelada.

CAPÍTULO 6

CONCLUSÃO

O estudo concluiu que os frutos de tamanho grande deram maior tamanho e número de sementes, mas os frutos de tamanho médio deram maior percentagem de emergência de plântulas. O diâmetro da cavidade do fruto mostrou a maior correlação com a emergência de plântulas. Uma vez que os agricultores não podem medir facilmente esta caraterística sem abrir o fruto, recomenda-se a circunferência do fruto como um guia para a seleção de frutos no estabelecimento no campo. Os frutos de tamanho grande e médio devem ser selecionados em favor de outros tamanhos para o número de sementes e viabilidade, respetivamente.

A estacaria (treliça) melhorou a fase vegetativa, a floração e a produção de T. occidentalis. Isto deveu-se a um espaçamento adequado entre copas com maior penetração e melhor utilização da luz solar para uma atividade fotossintética máxima. O resultado mostrou que a melhoria progrediu com o aumento da altura da estaca. Por conseguinte, a estaquia deve ser praticada como no inhame e no pepino quando os factores económicos o permitem.

As diferenças genéticas que existiam entre os acessos provenientes de diferentes locais eram evidentes nos parâmetros morfológicos de crescimento medidos e no rendimento obtido. Esta informação é vital para o início de um programa de melhoramento para conservar e melhorar a base genética de T. occidentalis na Nigéria.

O tamanho do fruto teve um efeito significativo no desempenho de T. occidentalis. O fruto de tamanho médio foi significativamente mais elevado em termos de produção de folhas e frutos do que o fruto de tamanho pequeno, mas deu um rendimento semelhante ao do fruto de tamanho grande. Recomenda-se a utilização de frutos de tamanho médio em vez de frutos de tamanho pequeno para a produção de folhas e frutos.

CAPÍTULO 7

REFERÊNCIAS

Aderi, O. S., Udofia, A. C. e Ndaeyo, N. U. (2011). Influência das taxas de estrume de galinha e formulações de fertilizantes inorgânicos em alguns parâmetros quantitativos da abóbora canelada (Telfairia occidentalis hook f.). Jornal Nigeriano de Agricultura, Alimentação e Meio Ambiente. 7(1):9-15

Adetunji, I. A. (1997). Efeito do intervalo de tempo entre a frutificação e a colheita na maturidade e na qualidade das sementes de abóbora canelada. Exp. Agric. 33:449-457.

Adeyemo, M. O. e Odiaka, N. I. (2004). Crescimento da sementeira precoce da abóbora canelada afetado pelo tamanho das sementes e das vagens em condições de viveiro e de campo. Nigerian Journal of Horticultural Science. Vol. 9

Agbo, C. U. (2010). Diversidade genética em caraterísticas vegetativas do Utazi (Gongronema latifolia Benth) cultivado em duas épocas de cultivo em Nsukka. Journal of Crop Science and Biotechnology. 13(3): 169-175.

Tecnologia agrícola (2010). Enciclopédia Britânica. *Encyclopaedia Britannica Ultimate Reference Suite.* Chicago: Encyclopedia Britannica.

Ajayi S. A., P. Berjak, J. I. Kioko M. E. Dulloo, e R. S. Voduche (2006). Resposta de sementes de abóbora canelada (*Telfairia occidentalis* Hook F., *Cucurbitaceae*) à dessecação, refrigeração e armazenamento hidratado. *South African Journal of Botany*, 72 (4): 544-550.

Ajayi, S. A., Dulloo, M. E., Vodouhe, R. S., Berjak, P., Kioko, J. I. (2007). Estado de conservação de *Telfairia* spp. na África subsaariana. R. Vodouhe; K. Atta-Krah; G. E. Achigan-Dako; O. Eyog-Matig; H. Avohou (Eds) *Plant genetic resources and food security in West and Central Africa.* Conferência Regional, Ibadan, Nigéria, 26-30 de abril, 2004. pp. 89-95 recuperado de http: //http;//www.bioversityinternational. org/Publ

Akanbi, W. B., Adebooye, C. O., Togun, A. O., Ogunrinde, J. O. e Adeyeye , S. A. (2007). Crescimento, Herbage e rendimento e qualidade de sementes de *Telfairia occidentalis* influenciados pelo composto de casca de mandioca e fertilizante mineral. Revista Mundial de Ciências Agrícolas. 3 (4): 508-516.

Akang, E. N., Oremosu, A. A., Dosumu, O. O., Noronha, C. C. e Okanlawon A. O. (2010). O efeito do óleo de semente de abóbora canelada (Telfairia occidentalis) (FPSO) nos parâmetros do testículo e do sémen. Agric. Biol. J. N. Am., 1(4): 697-703.

Akobundu, I. O. (1987). Weed Science in the Tropics Principles and Practices (Ciência das infestantes nos trópicos: princípios e práticas). Nova Iorque: John Wiley and Sons.

Akoroda, M. O. (1990a). Etnobotânica de Telfairia occidentalis (Cucurbitaceae) entre os Igbos da Nigéria. Econ. Bot. 44:29-39.

Akoroda, M. O. (1990b). Produção de sementes e potencial de reprodução da abóbora canelada, Telfairia occidentalis. Euphytica 49(1): 25-32.

Akoroda, M. O. e Adejoro, M. A. (1990). Padrões de desenvolvimento vegetativo e sexual de Telfairia occidentalis Hook. F. Trop. Agric. (Trinidad) 67(3): 243-247.

Akoroda, M. O., Ogbechei-Odiaka, N. I. Adebayo, M. I. Ugoro e Fuwa, B. (1990). Floração, Polinização e Frutificação na Abóbora Canelada (Telfaria occidentalis). *Scientia Horticultura,* 43: 197 - 206.

Akoroda, M. O., Ojeifo, I. M., Odiaka, N. I., Ugwo, O. E., e Fuwa, B. (2006).Estrutura vegetativa dos órgãos perenes de *Telfairia occidentalis. European Journal of Sci. Res.,* 14(1): 6-20.

Alejandro Morales-Quros, Andres Monge-Vargas, Ramiro Alizaga-Lopez e Adriana Murillo-Williams (2011). O tamanho do fruto está relacionado com a qualidade da semente em teca (*Tectona grandis*)? Centro para Investigaciones en Granosy Semillas (CIGRAS), San Jose, Costa Rica. Recuperado em 6 de janeiro de 2012 http://acs.confex.com/ crops/2011am/ webprogram/Paper69960.html

Amico, R. U., Zizzo, G. V., Agnello, S., Sciortino, A., e Iapichino, G. (1994). Efeito do armazenamento e do tamanho das sementes na germinação, emergência e produção de bolbos de Amaryllis belladonnal L. Ata. Hortic (ISHS). 362: 281-8.

Aregheore, E. M. (2007). Ingestão voluntária, digestibilidade dos nutrientes e valor nutritivo da folhagem de abóbora canelada (Telfairia occidentialis) - misturas de feno por cabras. Investigação Pecuária para o Desenvolvimento Rural. Vol. 19, Artigo #56. Recuperado em 5 de janeiro de 2012, de http://www.lrrd.org/lrrd19/4/areg19056.htm.

Aremu, C. O. e Adewale, D. B. (2012). Origem e efeito posicional da semente na razão sexual de Telfairia occidentalis Hook. F. Cultivada em agro-ecologia de savana. International Journal of Plant Breeding and Genetics, 6: 32-39.

Asante, A. K. (1996) Utilização de plantas com fibras liberianas como materiais de estacaria para a produção de inhame na zona da Savana da Guiné no Gana. Ghana Jnl agric. Sci. 28-29, 99-103.

Asiegbu, J. E. (1983). Efeitos do método de colheita e dos intervalos entre colheitas na produção de folhas comestíveis em abóbora canelada. *Scientia Hortic.* 21: 129 - 136.

Asiegbu, J. E. (1985). Influência da data de plantação no crescimento e na vida produtiva da abóbora canelada *Telfairia occidentalis Hook F. Tropical Agriculture* 62(4): 281284.

Asiegbu, J. E. (1987). Algumas avaliações bioquímicas de sementes de abóbora caneladas. *J. Sci Food Agric.,* 40: 151-155.

Awodun, M. A. (2007). Efeito das práticas de lavoura no crescimento e rendimento da abóbora canelada (*Telfaria occidentalis* hook F). *Actas da Conferência Africana de Ciência das Culturas* 8:463-465.

Baalbaki, R. Z., e Copeland, L. O. (1997). Efeito do tamanho da semente, densidade e teor de proteína no desempenho de campo do trigo. *Seed Sci. Technol.,* 25: 511-21.

Dewey, D. R. e Lu, K. H. (1959). A correlation and path coefficients analysis of components of created wheat grass seed production. Agronomy Journal. 75: 153-155

Egun, A. C. (2007). Rendimento comparativo de folhas comercializáveis de abóbora (Telfairia occidentalis) com e sem estaca num utisolo tropical. Stud. Home Comm. Sci. 1(1): 27-29.

Epenhuijsen, Van C. W. (1974). Growing native vegetables in Nigeria (Cultivo de legumes nativos na Nigéria). FAO, Roma

Eseyin, O. A., A. C. Igboasoiyi, E. Oforah, H. Mbagwu, E. Umeh, e J. F. Ekpe (2005a). Estudos dos efeitos do extrato alcoólico de Telfairia occidentalis em ratos diabéticos induzidos por aloxana. Global J. Pure Applied Sci. 11: 85-87

Eseyin, O. A., A. C. Igboasoiyi, E. Oforah, P. Ching e B. C. Okoli (2005b). Efeitos do extrato de folha de Telfairia occidentalis em alguns parâmetros bioquímicos em ratos. Global J. Pure Applied Sci.11: 77-79.

Esiaba, R. O. (1982a). Cultivo da abóbora canelada na Nigéria. World Crops, 34(2): 70-72.

FAO (1988). Traditional Food Plants (Plantas Alimentares Tradicionais). Roma: FAO

Fayeun, L. S., Odiyi, A. C., Makinde, S. C. O. e Aiyelari O. P. (2012). Variabilidade genética e estudos de correlação na abóbora canelada (Telfairia occidentalis Hook F.) Journal of Plant Breeding and Crop Science. 4(10):156-160.

Gbile, Z. O. (1986). Etnobotânica, Taxonomia e Conservação de Plantas Medicinais. In: O estado da investigação sobre plantas medicinais na Nigéria, Sofowora, A (Ed.). Imprensa da Universidade de Ibadan, Ibadan Nigéria.

GenStat Release 10.3DE (2011) VSN International Ltd. (Estação Experimental de Rothamsted)

Ghorbani, M. H., Soltani, A., e Amiri, S. (2008). O efeito da salinidade e do tamanho das sementes na resposta da germinação do trigo e no crescimento das plântulas. J. Agric. Sci. Natur. Resour. 14(6)

Gill, L. S. (1992). Ethnomedical uses of plants in Nigeria (Usos etnomédicos de plantas na Nigéria). Uniben Press, Universidade de Benin, Cidade de Benin, Estado de Edo, Nigéria, pp: 228-229.

Hardy, C. e Rowell, B. (2002). Aramação de pepino fatiado no Kentucky Ocidental Boletim Hort.3:15-18

Hayes, H.K., Forrest, R.I. e Smith, D.C. (1955). Methods of plant breeding, correlation and regression in relation to plant breeding (Métodos de melhoramento de plantas, correlação e regressão em relação ao melhoramento de plantas). McGraw Hill company Inc. 2ª edição. pp. 439-451.

Hilli, J. S., Vyakarnahal, B. S., Biradar, D. P. e Ravi Hunje (2009). Influência do método de arrasto e dos níveis de fertilizante na produção de sementes de cabaça de crista (Luffa acutangula L. Roxb) Karnataka J. Agric. Sci., 22(1):47-52

Igwilo, N. (1989) Response of yam cultivars to staking and fertilizer application. Trop. Agric. Trin. 66 (1): 38-42.

Irvine, F. R. (1969). Culturas da África Ocidental. 3ª ed., Oxford Univ. Oxford Univ. Press, Londres.

Iwu, M. W. (1983). Traditional Igbo Medicine. Instituto de Estudos Africanos, Universidade da Nigéria, Nsukka.

Kayode, A. A. A., e Kayode, O. T. (2011). Alguns valores medicinais de Telfairia occidentalis: A Review. Am. J. Biochem. Mol. Biol., 1 (1): 30-38.

Kayode, A. A. A., Kayode, O. T. e Odetola, A. A. (2010). Telfairia occidentalis melhora os danos cerebrais oxidativos em ratos desnutridos. Int. J. Biol. Chem., 4: 10-18.

Kayode, O. T., Kayode, A. A. e Odetola, A. A. (2009). Efeito terapêutico da Telfairia occidentalis na lesão hepática induzida pela desnutrição energético-protéica. Res. J. Med. Plant, 3: 80-92.

Khare, D., Raut, N. D., Rao, S. e Lakhani, J. P. (1995). Efeito do tamanho da semente na germinação e emergência no campo da soja. Seed Research India. 23 (2): 7579.

Ladeji, O., Okoye, Z. S. C., e Ojobe, T. (1995). Avaliação química do valor nutritivo da folha de abóbora canelada (Telfairia occidentalis). Química Alimentar 53:353-355.

Longe, O. G., Farinu, G. O. e Fetuga, B. L. (1983). Valor nutricional da abóbora canelada. J. Agric Food Chem. 31:989- 992.

Manggoel, W. e Uguru, M. I. (2011). Estudo comparativo sobre a fenologia e os componentes de rendimento de dois grupos fotoperiódicos de feijão-frade (Vigna unguiculata (L.) Walp.) em duas épocas de cultivo. Jornal Africano de Investigação Agrícola, 6(23): 5232-5241

Ndegwe, A. A., Ikpe, F. N., Gbosi, S. D. e Jaja, E. T. (1990). Efeito do método de estacaria no rendimento e nas suas componentes do inhame branco da Guiné (Dioscorea rotundata Poir) cultivado em solteira numa zona de elevada pluviosidade da Nigéria. Trop. Agric. Trin. 67 (1), 29-32.

Nerson, H. (2002). Relação entre a densidade de plantas e a produção de frutos e sementes em muskmelon. J. Am. Soc. Hortic. Sci., 127(5): 855-859.

NIHORT (1986). Guia para a produção de algumas hortaliças. Guia de Extensão, 8: 15-18.

Nik, M. M., Babaeian, M. e Tavassoli, A. (2011). Efeito do tamanho das sementes e do genótipo nas caraterísticas de germinação e no teor de nutrientes das sementes de trigo. Investigação científica e ensaios, 6(9):2019-2025.

Nweke, I. A., Orji, E. C. e Ijearu, S. I. (2013). O efeito da estaca e do espaçamento entre plantas no crescimento e rendimento do pepino (Cucumis Sativus L.) Journal of Environmental Science, Toxicology And Food Technology, 3(4):26-31.

Obi, I. U. (2002). Métodos estatísticos de deteção de diferenças entre médias de tratamento para experiências de campo e de laboratório. AP Publishers Co. Nig. Ltd. 117.

Obiagwu, C. J., e Odiaka, N. I. (1995). Programa de fertilização para a produção de abóbora fresca canelada (Telfairia occidentalis) cultivada na bacia inferior do rio Benue, na Nigéria. Indian J. Agric. Sci. 65(2): 98-101

Obiefuna, J. C. (1995). Tecnologias melhoradas para um sistema de produção sustentável de Telfairia occidentalis. Trabalho apresentado no Workshop Nacional sobre Sistemas Agrícolas para a Produção Sustentável de Frutas e Legumes. NIHORT, Ibadan, Nigéria.

Odiaka, N. I. e Akoroda, M. O. (2009). Efeito da fase de desenvolvimento do fruto e do período de armazenamento na viabilidade das sementes de abóbora canelada. *Actas da Conferência* Africana *de* Ciência das Culturas, 9: 8 -86

Odiaka, N. I., Akoroda, M. O., e Odiaka, E. C. (2008). Diversidade e métodos de produção de abóbora canelada (*Telfairia occidentalis* Hook F.): Experiência com produtores de hortícolas em Makurdi, Nigéria. *Afr. J. Biotechnol.* 7 (8): 944-954.

Odiyi, A.C. (2003). Padrões de desenvolvimento da caraterística de plântulas múltiplas em *Telfairia occidentalis* Hook. F. *J. Sustain Agric.Environ.* 5(2): 319-325.

Ogar, E. A. e Asiegbu, J. E. (2005). Efeito das taxas de fertilizantes e da frequência de corte nos rendimentos comercializáveis de vegetais e frutos de abóbora canelada no sul da Nigéria. *Agroscience*, 4(1): 66-69.

Ogbonna, P. E. (2008). Efeitos da porção e do tipo de fruto no crescimento sexual e no rendimento da abóbora canelada. *African Crop Science Journal* 16:185-190.

Ojeifo, I. M. e Ajekenrenbiagban, T. W. (2006). Avaliação de sementes divididas de *Telfairia occidentalis* (Hook F.) para propagação. *European Journal of Sci. Res.*, 14(1): 21-27.

Okoli B. E, e Mgbeogu, C. M. (1983). Abóbora canelada, Telfairia occidentalis: Cultura hortícola da África Ocidental. Econ.Bot. 37: 145-149.

Olaniyi, J. O. e Akanbi, W. B. (2007). Efeito de fertilizantes organo-minerais e inorgânicos no rendimento da abóbora canelada (Telfairia occidentalis Hook F.). Actas da Conferência Africana de Ciência das Culturas 8:347-350.

Oluchukwu, J. A. e Ossom, E. M. (1988). Efeito da prática de gestão na infestação de ervas daninhas, rendimento e concentração de nutrientes da abóbora canelada, Telfairia *occidentals* Hook F. *Trop. Agric.* 65(4): 317-320.

Onovo, J. C., Uguru, M. I e Obi, I.U. (2009). Implicações da poliembrionia no crescimento e rendimento da abóbora canelada (*Telfairia occidentalis* Hook F.). *AgroScience* 8(2): 130 -138

Ossom E. M. (1986). Influência do intervalo de colheita no rendimento, proteína bruta, teor de N P K e longevidade da abóbora canelada *Telfairia occidentalis* Hook F. *Tropical Agriculture* 63(1): 63-65.

Ossom E. M., Ethothi, C. U., e Rhykerd C. L. (1997). Influência dos níveis de fertilizante K e densidade de plantas no rendimento e conteúdo mineral das folhas e videiras da abóbora canelada, *Telfairia occidentalis* Hook. *Proc. Indiana Acad. Sci.* 106(1-2): 135-143.

Ossom E.M., Igbokwe, J. R., Rhykerd, C. L. (1998). Efeitos de níveis de fertilizantes mistos e intervalos de colheita no rendimento e concentração mineral da abóbora canelada, *Telfairia occidentalis* Hook. *Proc. Indiana Acad. Sci.* 105(3-4): 169176.

Oyenuga, V.A. (1968). *Nigerians Foods and Feeding Stuffs: Their Chemistry and Nutritional Value*. Ibadan: Imprensa da Universidade de Ibadan.

Oyolu, C. (1978). Vegetais relativamente desconhecidos: Abóbora canelada (Telfairia occidentalis). Procedimentos da primeira conferência anual da Sociedade de Horticultura da Nigéria, Ibadan. Pp 106-177.

Patil, V.K., Gupta, P.K. e Tambre, P.G. (1973). Influência da poda, da cobertura morta e do fertilizante azotado no crescimento, rendimento e qualidade de plantas empilhadas da variedade de tomate Sioux. Punjab Veg. Grower, 8: 4-9.

PekOen E, PekOen A, Bozolu H, Gulumser A (2004). Alguns traços de sementes e suas relações com a germinação de sementes e a emergência no campo em (Pisum sativum L.). J. Agric., 3: 243-246.

Pospisil, F. (1965). Culturas oleaginosas: Telfairia occidentalis Ann. Rep. Agric. Res. Stat., Univ. of Ghana, Kale. Pp 51

Pospisil, F. (1967). Novas culturas oleaginosas: Telfairia occidentalis. Ann. Rep. Agric. Res. Stat., Univ. of Ghana, Kale. Pp 58-59.

Primackand R. B. e Autonomics J (1981). Genética ecológica experimental em Plantago. VII- Esforço reprodutivo numa população de P. Lanseolata L. Evaluation, 36: 742-752.

Roy, S. K. S., Hamid, A., Giashuddin Miah M, e Hashem A. (1996). Variação do tamanho das sementes e seus efeitos na germinação e no vigor das plântulas de arroz. J. Agron. Crop Sci. 176: 79-82.

Sadeghi, H., F. Khazaei, S. Sheidaei e L. Yari (2011). Efeito do tamanho da semente no comportamento de germinação de sementes de cártamo (Carthamus tinctorius l.). ARPN Journal of Agricultural and Biological Science. 6(4) Recuperado em 13th dezembro, 2011 de www.arpnjournals.com

Salman, T. M., Olayaki, L. A. e Oyeyemi, W. A. (2008). O extrato aquoso das folhas de Telfairia occidentalis reduz o açúcar no sangue e aumenta os índices hematológicos e reprodutivos em ratos machos. Afr. J. Biotechnol, 7: 2299-2303.

Schiavinato, M. A. e Valio, I. F.M. (1996) Influência do estaqueamento no desenvolvimento de plantas de feijão alado. R.Bras.Fisiol.Veg. 8(2):99-103.

Schippers, R. R., (2000). Vegetais indígenas africanos: An overview of the cultivated species. Universidade de Greenwich e Centro Técnico ACP-UE para a Cooperação

Agrícola e Rural, Reino Unido, páginas: 214.

Schippers, R. R., (2002). Vegetais indígenas africanos: Uma visão geral das espécies cultivadas. Edição revista. Natural Resources International Limited, Aylesford, Reino Unido.

Schmidt, L. (2000). Germinação e estabelecimento de plântulas. Guia para o manuseamento de sementes de florestas tropicais e subtropicais. Danida Forest Seed Centre, 42: 245-349.

Singh, N. D. (2003). Tamanho da semente e raízes adventícias (nodais) como factores que influenciam a tolerância do trigo ao encharcamento, Australian J. Agric. Res., 54: 969-977.

Stelling, D., Malau, S. e Ebmeyer, E. (1994). Significance of Seed Source on Grain Yield in Faba Beans (Vida faba L.) and Dry Peas (Pisum sativum L.). Journal of *Agronomy and Crop Science,* 173: 293-306. doi: 10.1111/j.1439- 037X.1994.tb00577

Synge, P. M. (1974). Dicionário de Jardinagem. Royal Horticultural Society. PT-2Y. *Oxford Press* London. 4: 2087.

Tapscott, H. L. e Cowling, W. A. (1995). Preditores de rendimento de lotes de sementes de *Lupinus angustifolius* (cv. Gungurru) de diferentes fontes na Austrália Ocidental. *Australian Journal of Experimental Agriculture* 35, 745-751.

Tindall, H. D. (1983). Vegetables in the tropics. Macmillan Education Limited, Hamsphire, Pp.184-186.

Ugese, F. D., Baiyeri, K. P. e Mbah, B. N. (2008). Efeito da fonte de sementes e dos intervalos de rega no crescimento e no rendimento de matéria seca das plântulas de manteiga de carité (*Vitellaria* paradoxa Gaertn F.). Bio-Research 6(1) recuperado em 27th Nov., 2011. De www.ajol.info/ index. php/br/ issue/view/3861

Uguru, M. I. e Onovo, J. C. (2011). Evidência de poliploidia em abóbora canelada (Telfairia occidentalis Hook F.). Revista Africana de Ciências Vegetais Vol. 5 (5): 287-290

Uguru, M. I., Baiyeri, K. P., e Aba, S. C. (2011). Indicadores de Mudanças Climáticas no nicho derivado da Savana de Nsukka, Sudeste da Nigéria. AgroScience 10 (1):1-10

Willenborg, C. J., Wildeman, J. C., Miller, A. K., Rossnaged, B. G. e Shirtliffe, S. J. (2005). As caraterísticas de germinação da aveia diferem entre genótipos, tamanhos de sementes e potenciais osmóticos. Crop Sci., 45: 2023-2029.

I want morebooks!

Buy your books fast and straightforward online - at one of world's fastest growing online book stores! Environmentally sound due to Print-on-Demand technologies.

Buy your books online at
www.morebooks.shop

Compre os seus livros mais rápido e diretamente na internet, em uma das livrarias on-line com o maior crescimento no mundo! Produção que protege o meio ambiente através das tecnologias de impressão sob demanda.

Compre os seus livros on-line em
www.morebooks.shop

Printed by Books on Demand GmbH, Norderstedt / Germany